수학동아 학습 만화 시리즈

 ❷ 문자와 식의 세계 ㉡

초판 1쇄 인쇄 2012년 1월 26일
초판 1쇄 발행 2012년 1월 31일

글쓴이	이광연
그린이	서석근
펴낸이	김두희

총괄이사	허두영
편집책임	이억주
편집	박희정 이명준 송지혜
외주디자인	블룸
마케팅본부장	이경민
출판유통사업팀장	김재필
출판유통사업팀	변유경 이상민 이성우
제작	박주현

펴낸곳	(주)동아사이언스
등록일	2001년 3월 15일(제312-2001-000112호)
주소	(120-715) 서울시 서대문구 충정로 29 동아일보사 16층
전화	(마케팅) 02-3148-0787 (편집) 02-3148-0833
팩스	02-3148-0809
이메일	books@dongaScience.com
홈페이지	www.dongaScience.com

© 이광연 · 서석근 2012

ISBN 978-89-6286-075-7 (17410)
      978-89-6286-072-6 (세트)

과학동아북스 는 과학문화창조기업 (주)동아사이언스의 출판 브랜드입니다.
다양한 콘텐츠를 바탕으로 유익한 과학책을 만들고자 노력하고 있습니다.

수학으로 가득 찬 세상

數滿地
수 만 지

글 **이광연**(한서대학교 수학과 교수) 그림 **서석근**

과학동아북스

추천하는 말

수많은 수학 관련 도서의 첫 장을 펼쳐 보면, 수학은 모든 학문의 기초가 되기 때문에 관심을 갖고 좋아해야 한다고 합니다. 여기에 제가 굳이 수학의 중요성을 한 마디 더 보탤 필요가 없을 정도지요. 하지만 수학을 잘해야 한다고 강조하는 책들은 이미 잘하고 있는 사람들에게나 어울릴 법한 구성과 내용이 대부분입니다. 그래서 많은 학생들이 혹시나 하는 마음에 첫 페이지를 열었다가 상처 받고 단숨에 마지막 책장을 덮고 마는 사고(?)를 경험하지요.

제가 이 책의 원고를 처음 보았을 때 수학 교과 내용을 그냥 만화로 만들었겠지 하고 지레짐작하였습니다. 하지만 금세 이 판단이 잘못되었음을 알게 되었지요. 선생님이 되겠다고 모인 교육대학교 학생, 영재 교육을 받는 어린 학생들을 대상으로 수학을 가르치면서 접했던 기존의 수학 학습 만화와는 매우 달랐거든요. 도서별 구성이 새로운 수학 교과과정에 맞추어 체계적인데다 학습 내용을 게임 방식으로 풀어 가는 이야기는 참으로 신선했습니다. 이 이야기는 단순히 흥미만 찾는 것이 아니라 정말 수학적이라고 할 만큼 치밀하고 알차게 짜여져 있어 저자들의 노력이 엿보이는 대목이었습니다.

게다가 멋지고 화려한 그림들은 하나하나 정성을 쏟아부은 흔적으로 가득했습니다. 수학 관련 책이지만 미술 관련 책을 보는 듯한 인상을 받을 정도였지요. 다양하게 연출된 그림들은 어린 독자들의 창의력과 상상력 증진에 큰 도움을 주는 도구가 될 거예요. 『수만지』의 이야기와 그림을 따라 책을 넘겨 보면 자연스럽게 수학에 대한 흥미를 가지게 될 것입니다. 자신도 모르게 수학에 이끌리다 보면, 학생들은 스스로 호기심을 갖고 어떤 문제를 해결하려는 자세를 갖게 돼요. 자기주도 학습의 첫 단추가 바로 이런 것이 아닐까 생각하게 됩니다.

『수만지』는 수학이 중요하다거나 수학에 관심을 가지라고 강요하지 않습니다. 하지만 학생들이 수만지 세계에 빠지는 시간부터 자연스럽게 수학의 재미에 푸욱 빠지게 될 거예요. 그러면 어느새 수학 시험시간 역시 '수만지'처럼 게임하듯 즐기면서 문제를 해결해 나가고, 수학에 대한 자신감을 확인하게 될 거예요. 아마 다른 친구는 수학은 내가 아닌 다른 사람이 하는 것일 거라며 투덜대고 있을 테지요.

자, 수학으로 가득 찬 세상으로 모험을 떠나 보세요.

전인호(서울교육대학교 수학교육과 교수)

수학시간에 학생들은 수와 도형 그리고 식과 그래프를 배우며 식을 계산하거나 도형과 그래프를 그립니다. 그러다 보면 따분해지고 어려운 수준에 이르면 수학을 점점 멀리하게 되죠. 수학을 정말 재미있게 공부할 수 있다면 오히려 자꾸 공부하고 싶어질 거예요. 무슨 일이든 좋아서 하면 잘할 수 있고 잘할 수 있으면 더 좋아지게 되거든요. 수학 역시 예외가 아니기 때문에 먼저 수학을 좋아해야 해요.

말보다 계산법을 먼저 깨우쳤다는 수학의 황제 가우스 같은 천재는 아마도 태어나면서부터 수학을 좋아했을 거예요. 반면 슈타이너라는 수학자는 열 살이 훨씬 넘어서 수학을 공부하기 시작했지만 뛰어난 업적을 쌓아 '19세기의 유클리드'라는 별명을 얻었지요. 대부분의 사람들은 초등학교 시절에 수와 도형을 공부할 때 수학을 좋아하게 돼요. 그러나 이때를 놓치면 고학년이 되어서 어쩔 수 없이 시험을 위한 수학 공부를 하게 되고, 그러다 보면 수학은 제일 어렵고 싫은 과목으로 남아요.

어떻게 하면 초등학교 때 잘하고 좋아했던 수학을 중학교, 고등학교에 가서도 계속 좋아할 수 있을까요? 그 답은 바로 책입니다. 수학과 관련된 흥미로운 학습 만화책은 수학에 관심을 가질 수 있도록 돕고 게다가 수학적 사고력도 키워 줘요. 하지만 현재 우리나라에 소개된 수학 학습 만화들은 단순히 흥미만 쫓는 만화일 뿐 정작 수학이라는 알맹이가 없습니다. 그래서 저희는 초등학생들이 중학생이 되고 고등학생이 되어서도 수학을 좋아할 수 있는 학습 만화를 직접 만들기로 했지요.

『수만지』는 초등학교 수학과 중학교 수학을 연결했고, 중학교에서 배우는 내용을 주로 소개했습니다. 이것은 초등학생들이 중학교 수학을 미리 경험하게 하여 중학생이 되어서도 '수학이 재미있고 흥미롭다'는 생각을 계속 가질 수 있도록 하기 위해서예요. 중학교 교육과정이 중심이지만 초등학생들이 읽기에 부담스럽지 않도록 이야기를 꾸몄기 때문에 초등학생이라도 이 책에 빠져 자신도 모르게 중학교 수학을 공부할 수 있어요. 어려운 수학을 이 학습 만화책의 힘을 빌려 공부해 나간다면 어느새 여러분은 수학을 아주 좋아하고 잘하게 되는 '수학의 신'이 되어 있을 거예요.

자 이제 모두 수학의 신이 되기 위해 수만지의 세계로 떠나 봐요.

이광연(한서대학교 수학과 교수)

그린이의 말

2년 이상 《수학동아》에 연재했던 수만지가 드디어 책으로 나오게 되었습니다. 『수만지』를 기획한 시점부터라면 거의 6년만의 일이지요. 『수만지』를 진행하면서 최근 '소수素數'에 대해 다시 한 번 생각하는 시간을 가졌습니다. 소수는 1과 자신만으로 나누어 떨어지는 자연수인 2, 3, 5 …를 말하죠. 대부분의 사람들은 이 정의만 알고 이 수가 얼마나 중요한지 모를 겁니다.

제가 말하는 소수가 소리는 같지만 다른 뜻을 가진 '소수'(0.1도 소수라 부르지요)가 있기 때문인지도 모릅니다. 하지만 한자로는 素數(어떤 것도 섞여 있지 않은 흰빛의 수), 영어로는 prime number라고 쓴다는 사실로도 소수가 얼마나 중요한지 알게 될 거예요. 말 그대로 기본이 되는 수! 수학의 원소인 수이지요. 게다가 과학에서도 굉장한 의미가 있는데, 오늘날 중요한 패스워드가 소수로 구성되고, 핵분열도 소수와 관련되어 있다고 하니 놀라운 일이죠.

제가 좋아하는 말 중에 '신의 언어가 있다면 그것은 수일 것이다'라는 말이 있습니다. 이건 우주의 원리가 수로 이루어졌다는 것을 전하면서도 수학의 중요성을 강조하는 거지요. 이렇게 중요한 수학의 원소가 되는 수가 바로 소수였던 겁니다.

이렇듯 수학의 용어나 식 등 정의를 제대로 알기만 해도 수학은 여러분의 것이 됩니다. 『수만지』는 이것을 여러분이 저와 함께 느낄 수 있도록 최선을 다해 만든 책이에요. 어려운 수학을 어떻게 어린 독자들에게 쉽게 전달할 수 있을까? 만화는 어떻게 구성해야 할까? 수학은 어떤 캐릭터의 입으로 전달해야 할까? 수학적 내용을 어떻게 연출할까? 등 6년 전부터 이광연 교수님과 함께했던 고민들이 떠오릅니다.

이런 고민의 결과가 바로 『수만지』입니다. 훌륭한 학습 만화를 내 놓으려면 만화가 역시 학습 내용을 제대로 알고 있어야 한다고 생각합니다. 수학을 직접적으로 공부한 것은 아니지만, 부족한 부분은 이광연 교수님의 도움을 받아 수학을 그림으로 표현하였습니다. 이런 과정이 있었기 때문에 여러분도 만화를 읽다 보면 제가 이해한 것처럼 쉽게 이해할 수 있을 거예요.

수학이 조금 어렵다면 만화만 따가라도 재미있을 거예요. 그런 뒤에 다시 한 번 더 읽어 보세요. 분명 제가 그랬던 것처럼 수학과 친해질 수 있을 겁니다. 『수만지』가 세상의 빛을 받아 나올 수 있도록 도움을 주신 과학동아북스 관계자와 이광연 교수님께 감사 드립니다. 늘 바쁘기만 했던 저를 묵묵히 지켜준 아내 박여사, 든든한 두 아들 지원, 연원 모두 사랑해요!

그럼, 이제 저와 함께 수학으로 가득 찬 세상으로 모험을 떠나 봐요.

서석근

차례

등장인물 소개

이교수

약간 황당하며 웃기는 수학 교수.
게임 속에서 황금열쇠를 사용할 때 나타나
아이들에게 3번의 실마리를 가르쳐 준다.

이세미

초등학교 6학년 여자아이.
계산(셈)을 잘하지만 논리적인 힘이
약간 부족하다. 항상 동생 이해왕을
보살피는 따뜻한 마음씨를 가졌다.

이해왕

초등학교 4학년 남자아이.
아직 어리지만 책을 많이 읽어서 논리력이
뛰어나고 호기심이 강하다. 누나 이세미를
보호하기 위해 노력한다.

선행만

초등학교 6학년 남자아이로,
마마보이 성향을 가졌다. 과도한 선행
학습으로 모르는 것이 없지만 정작 확실하게
하는 것은 없다. 자칭 박사로 세미를 좋아한다.

나힘찬

초등학교 6학년 남자아이.
수학에는 별 관심이 없으며 먹는 것과
게임 그리고 운동에 관심이 많다.
이세미를 좋아하여 선행만과 라이벌
관계에 있으며 리더십이 있고 생존에
관한 것을 많이 알고 있다.

엄마(한송이)

이세미와 이해왕의 엄마.
고고학자로 수학과 관련된 이야기를
많이 알고 있어서 이를 가르쳐 준다.

베어

아이들과 함께 수만지 탐험을 따라다니며
위기 상황을 해결하는 데 도움을 주는
캐릭터. 아이들이 하는 말을 알아듣는
놀라운 능력(?)이 있고, 가끔 행만이보다
뛰어난 역할을 하기도 한다.

가끔 등장하는 캐릭터

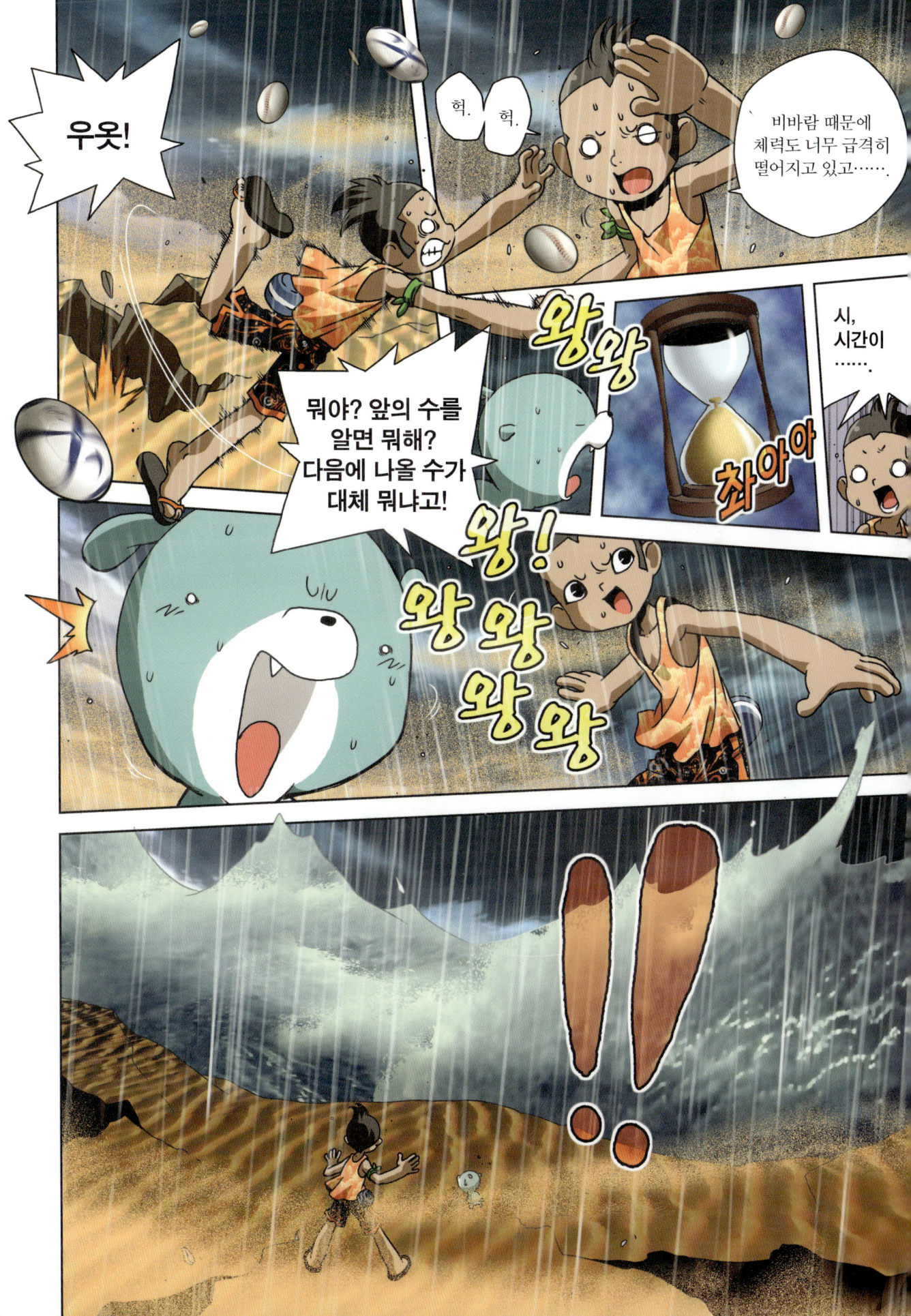

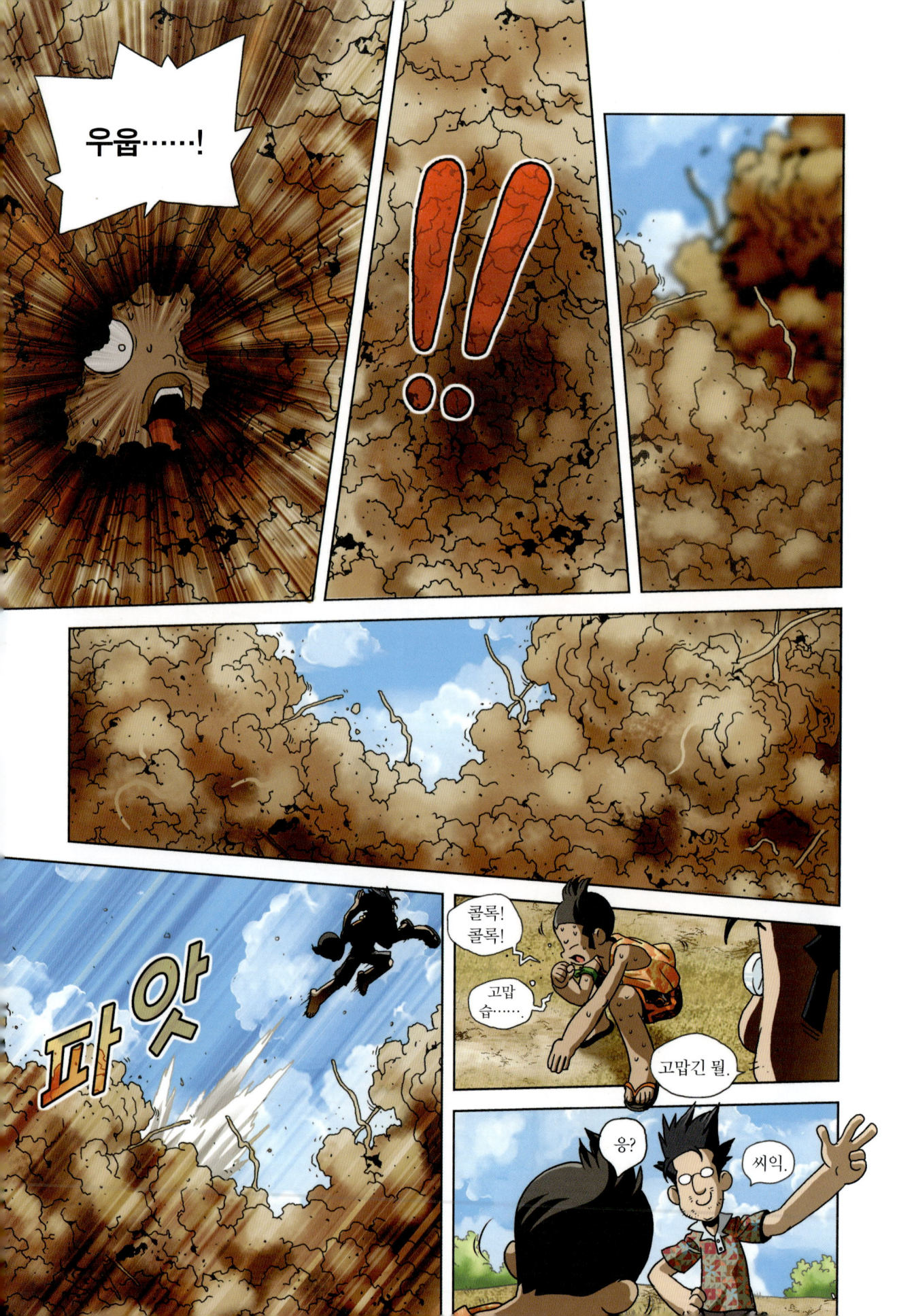

아빠!

어때?
아빠 멋지지?

아빠가 수학 말고 잘하는 게
있다는 게 이상하지만
멋진 건 인정!

저건
암이란다.

암이요?
사람 몸속에
생기는?

그런데 왜
여기 있죠?

응!

근데 저건 뭐죠?

금방 토끼들 엄청
지나간 것도 봤지?

예!

아직도
허리가
쑤셔요.

토끼 그리고 암!
여긴 분명히
피보나치수열의
세계일 거야.

피보나치
*수열이요?

그래! 이 수열은
중세 수학자인
레오나르도 피보나치가
지은 유명한
수학책인『산반서』에
나오는 문제란다.

원래 토끼의 번식에서
출발한 수열인데,

한 쌍의 토끼가
매달 한 쌍의
토끼를 낳고.

매달,
흐흐.

여보.

수열 일정한 규칙에 따라 배열되는 수의 집합.

수정이 되지 않아도 생기는 수벌을 ♂,

수정이 되어야만 생기는 암벌을 ♀로 표시하여 *가계도를 그리면…….

가계도 어떤 집안의 구성원들의 관계를 나타낸 그림.

각 세대의 벌의 총수가

바로 피보나치수열이 된다 이거지!

그리고 솔방울에서도 피보나치 수를 찾을 수 있어. 솔방울에선 두 종류의 나선을 찾을 수 있는데…….

부웅

아……,

아빠!

부웅

어떤 솔방울이든 이 두 종류의 가파른 나선과 완만한 나선의 수를 세어 보면

항상 피보나치수열의 수가 된다고.

앗,

벌이다!

웅

부웅

부우웅

헉!

부웅

웅

부우우웅

주사위 눈이 최초 상태로 돌아 왔네.

보너스
+9점과
2번의 기회

문젠가?

아니야. 말이 9칸 더 전진해서 총 14칸 움직였어!

2번의 기회는 또 뭐지?

문제다!

!

한 송이에 500원 하는 장미 a송이와 1000원 하는 안개꽃 한 다발은 얼마인가? 곱셈 기호는 사용하지 말라고?

마침 장미밭이 있네.

a송이 따러 갑시다.

a송이 딸 수 있어?

장미의 가시가 두렵지 않은 자,

후회하리니!

행만! 힘찬아! 장미 따면 안 돼!

응?

수열

수열은 수를 일정한 규칙에 따라 배열해 놓은 것을 말해. 1, 2, 3, 4, …과 같은 자연수도 수열이라고 할 수 있지. 자연수의 배열 규칙은 숫자 1부터 시작해서 1씩 더한다는 거야. 또한 짝수도 여기에 해당돼. 첫 번째 수는 2, 두 번째 수는 4, 세 번째 수는 6, 네 번째 수는 8, 이렇게 2부터 시작하여 2씩 더해가는 규칙을 찾을 수 있잖아. 홀수도 마찬가지 방식으로 생각해 볼 수 있겠지?

모두 나를 따르라!

수열의 규칙은 자리의 순서와 해당되는 값의 대응으로도 생각해 볼 수 있어. 가령, 홀수에서 첫 번째 자리의 수는 1, 두 번째 자리의 수는 3, 세 번째 자리의 수는 5잖아. 네 번째 자리의 수는? 7이지. 그렇다면, n번째 자리수의 수는? $2n-1$이야.

$2n-1$은 무슨 말일까? 이건 n번째 순서에 있는 홀수는 n번째 자리에 2를 곱한 뒤 1을 뺀 값이라는 것을 쉽게 알려 주는 공식인 셈이야. 1은 첫 번째 순서의 홀수잖아? n 대신에 1을 넣어서 계산하면, $2 \times 1 - 1 = 1$ 이렇게 값이 나오지? 두 번째 자리의 수는 $2 \times 2 - 1$과 같이 계산되어 3이란 값을 얻을 수 있어. 이렇게 수열에서는 이러한 규칙을 찾는다면, 다음 번째 오는 수가 무엇인지 쉽게 찾을 수 있어.

7번째 홀수는 얼마일까?

$2 \times 7 - 1$ 이니까

13!

그렇다면, 자연수 1부터 100까지의 합은 얼마일까? 천재 수학자 가우스가 어린 시절에 이 값을 아주 간단히 구했다는 일화가 유명한데, 우리도 도전해 볼까?

1부터 100까지의 합?

이것도 왠지 규칙이 있을 거 같아.

$$1+2+3+\cdots+98+99+100$$

'피보나치수열'을 발견한 레오나르도 피보나치

레오나르도 피보나치(Leonardo Fibonacci, 1170~1250년경)는 이탈리아 피사에서 태어났어. 아버지는 북아프리카에 거주하면서 통상 사무를 맡아보는 관리였는데 그 때문에 피보나치는 어렸을 때부터 상업에 눈이 밝았고, 아라비아의 대수적 방법에 자연스럽게 빠질 수 있게 됐지.

피보나치는 정수의 성질에 관해 많은 연구를 했어. 자신의 삶에서 얻은 경험을 바탕으로 상업 계산 기술을 발전시켰거든. 그리고 그리스 수학자 디오판토스와 유클리드가 쌓은 고대의 수학 성과를 되살려 자신의 독창적인 계산법을 만들었어.

피보나치는 이집트, 시리아, 그리스, 시칠리아 등지를 여행하며 갖가지 계산법을 습득한 다음 피사로 돌아와 1202년 『산반서』를 지었어. 이 책에는 아라비아 숫자를 사용한 계산 방법과 수학에 대한 지식이 포함되어 있어. 또, 인도-아라비아 숫자가 적극적으로 활용되고 있어 동양의 수학적 지식이 유럽으로 전파될 수 있었지. 수에 대한 재미있는 문제들이 실려 있는데, 그중에서 가장 잘 알려진 문제는 아래와 같아.

> 한 쌍의 토끼가 매월 한 쌍의 토끼를 낳고, 태어난 한 쌍의 토끼도 다음 달부터 한 쌍의 토끼를 매월 낳는다면, 1년 후 몇 쌍의 토끼가 태어날 것인가?

위의 문제는 유명한 피보나치수열 1, 1, 2, 3, 5, 8, 13, 21…을 이루는데, 곧 처음 두 항 다음의 항부터는 바로 앞의 두 항의 합으로 표현돼.

피보나치수열 응용 문제

두 개의 유리판을 마주보게 붙이면, 아래 그림처럼 1, 2, 3, 4로 표시한 네 개의 내부 반사면이 생겨.

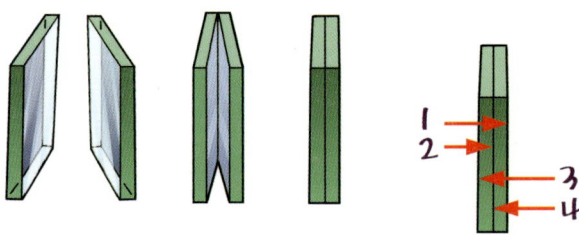

만약 햇빛이 유리판에 반사되지 않는다면 유리판을 지나는 태양광선은 아래와 같이 오직 한 가지뿐이야.

만약 태양광선이 한 번만 반사된다면, 아래와 같이 태양광선이 반사되는 방법은 두 가지 서로 다른 경우가 생기지.

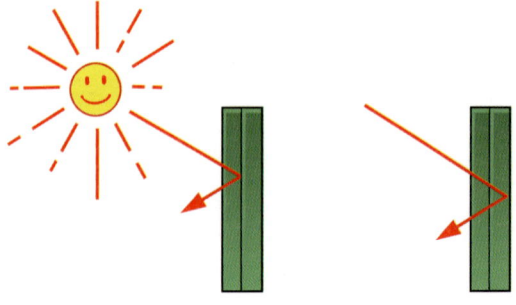

태양광선이 유리 반사면을 두 번만 반사되는 경우는 다음과 같이 모두 3가지 경우야.

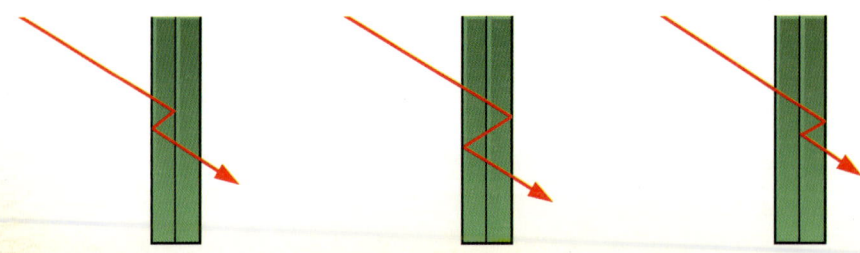

같은 방식으로 태양광선이 세 번만 반사되는 경우는 다음과 같이 모두 다섯 가지야.

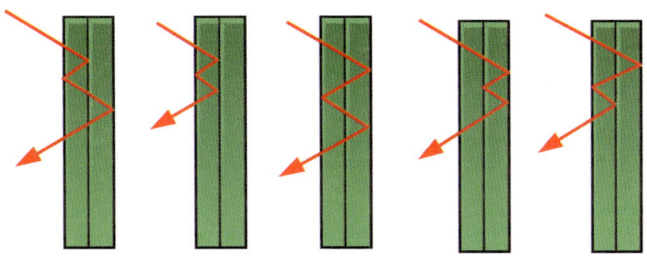

 태양광선이 유리 반사면에서 네 번만 반사된다고 할 때, 모두 몇 가지 경우일까?

아래와 같이 8가지의 경우가 있다.

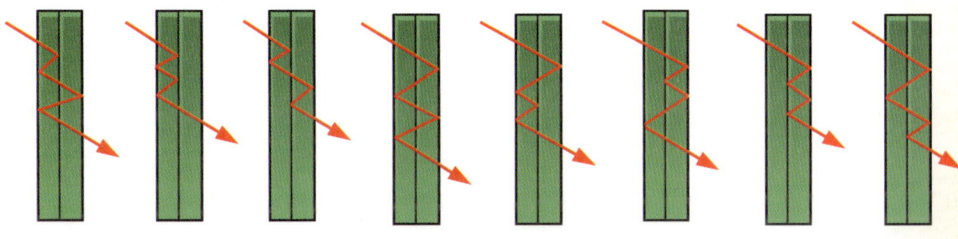

정답 8가지

1 태양광선이 유리 반사면에서 다섯 번만 반사될 경우는 몇 가지일까?

장미를 꺾으면 안 돼!

안돼?

휘잉

하하하, 호들갑은…….

꿈틀

꿈틀

아무렇지도 않잖아.

신경 쓰지 말고 문제나 풀자! 문제가 뭐였지?

한 송이에 500원 하는 장미 a송이와 한 다발에 1000원 하는 안개꽃 한 다발은 얼마인가?

이상 한데…….

a송이나 마저 따러 가자.

정말 a송이 딸 수 있어?

꿈틀

꿈틀

나도 쟤들 두고 가고 싶지만

빨리 못 풀면 우리도 위험하겠어.

스멀

뾰독

사모님!

한송이!

뾰독

스멀

쳇!

맞다, 한 송이!

저리가! 저리가!

팍! 팍!

응? 우리가 맞힌 거야?

한 송이에 500원 하는 장미가 1송이면 500×1, 2송이면 500×2, 3송이면 500×3이니까!

a송이면 500×a!

거기다 안개꽃은 한 다발이고 한 다발에 1000원이니까.

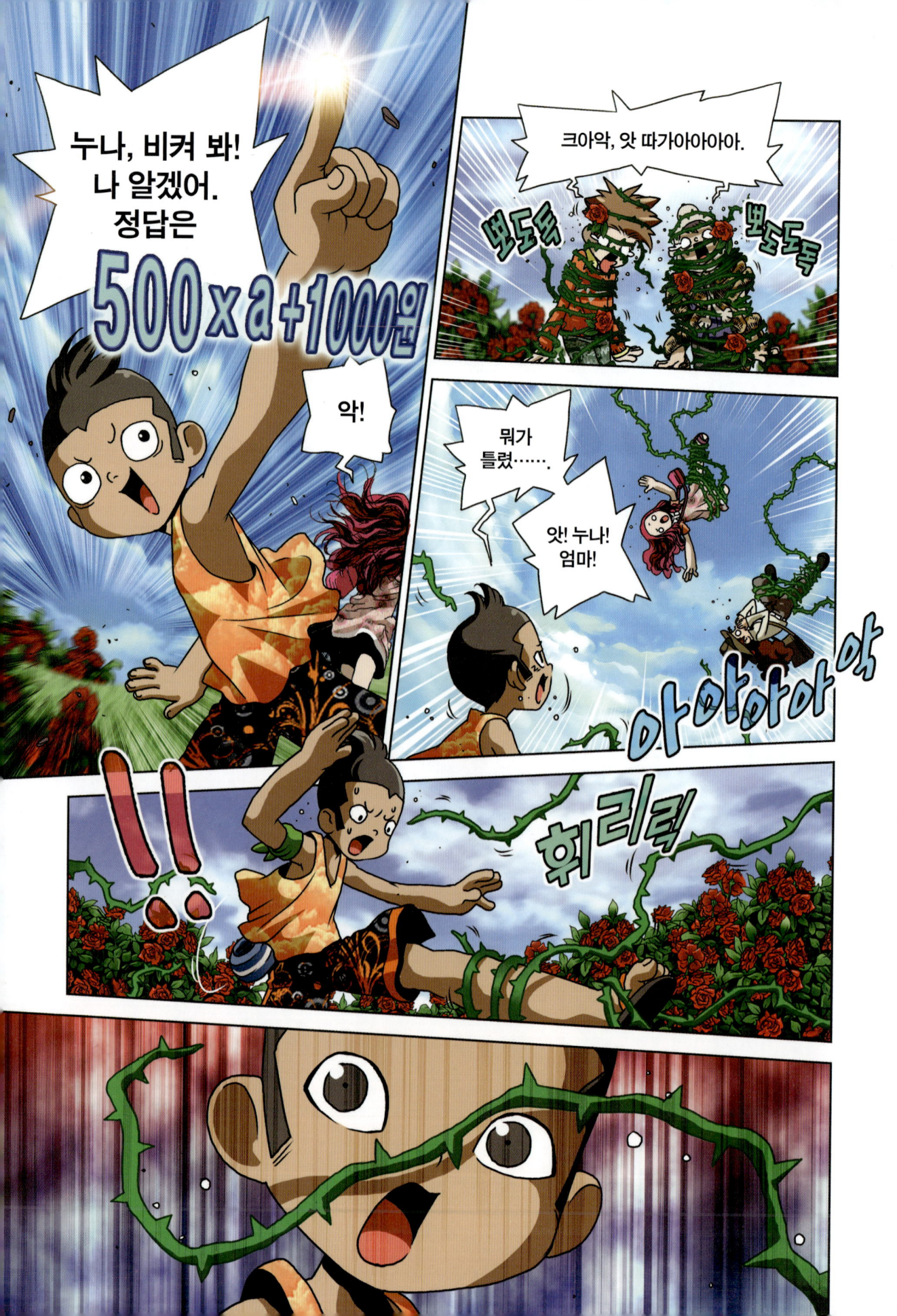

!!

파앗

응?

저 새
덕분인가
보다!

고맙다!

후우웅

응?

아아아아악!!

맞다, 그거야!

2차 관문부터는 우리가 문제 푸는 주연인 거야.

역시 이 행만 님만 한 사람이 없는 거지!

어, 어?

그리고 진작부터 알았지만 이건 문자가 들어간 식을 만드는 것이다 이거야!

문자를 사용해서 식을 세우려면 첫째, 문제의 뜻을 정확히 파악한다!

둘째, 앞에서 찾은 규칙에 문자를 사용하여 식을 세운다!

아까 세미가 찾은 규칙대로 문자 a를 이용해서 정리하면

장미 a송이 + 안개꽃 한 다발 = $500 \times a + 1000$이라 해왕이 말이 맞긴 하지만.

우읍! 좀 빨리 정답 말……, 읍, 따가워.

걱정말고 기다려 봐! 문자에서는 곱셈 기호를 쓰지 말라고 했을 뿐더러!

우읍!

그런 말이 없었다 해도 문자와 수의 곱에서는 곱셈 기호 '×'를 생략할 수 있으니까.

게임판!

툭

역시 2번의 기회란

한 번 더 주사위를 던져, 문제 하나를 더 맞혀야 한다는 뜻이었어.

하지만 다들 장미 덩굴에 묶여 있잖아.

누군가 게임판을 다음 차례 사람에게 가져다 줘야 할 텐데.

팟!

파팟!

?
!

베어!

우웁, 누나!

팽!!

웁, 베어!

세미는 기절하고 베어마저…….

이제 끝이야.

아니, 방법이 있어!

지난번에 사막에서 봤던 인디 존스 뭔가 하는 사람의 돋보기 안경!

이걸로 불을 붙이면…….

후후.

근데 넝쿨이 네 몸을 감싸고 있으니

불이 붙으면 너도 위험하지 않을까?

응?

……

치이이

으아악!

촤르르

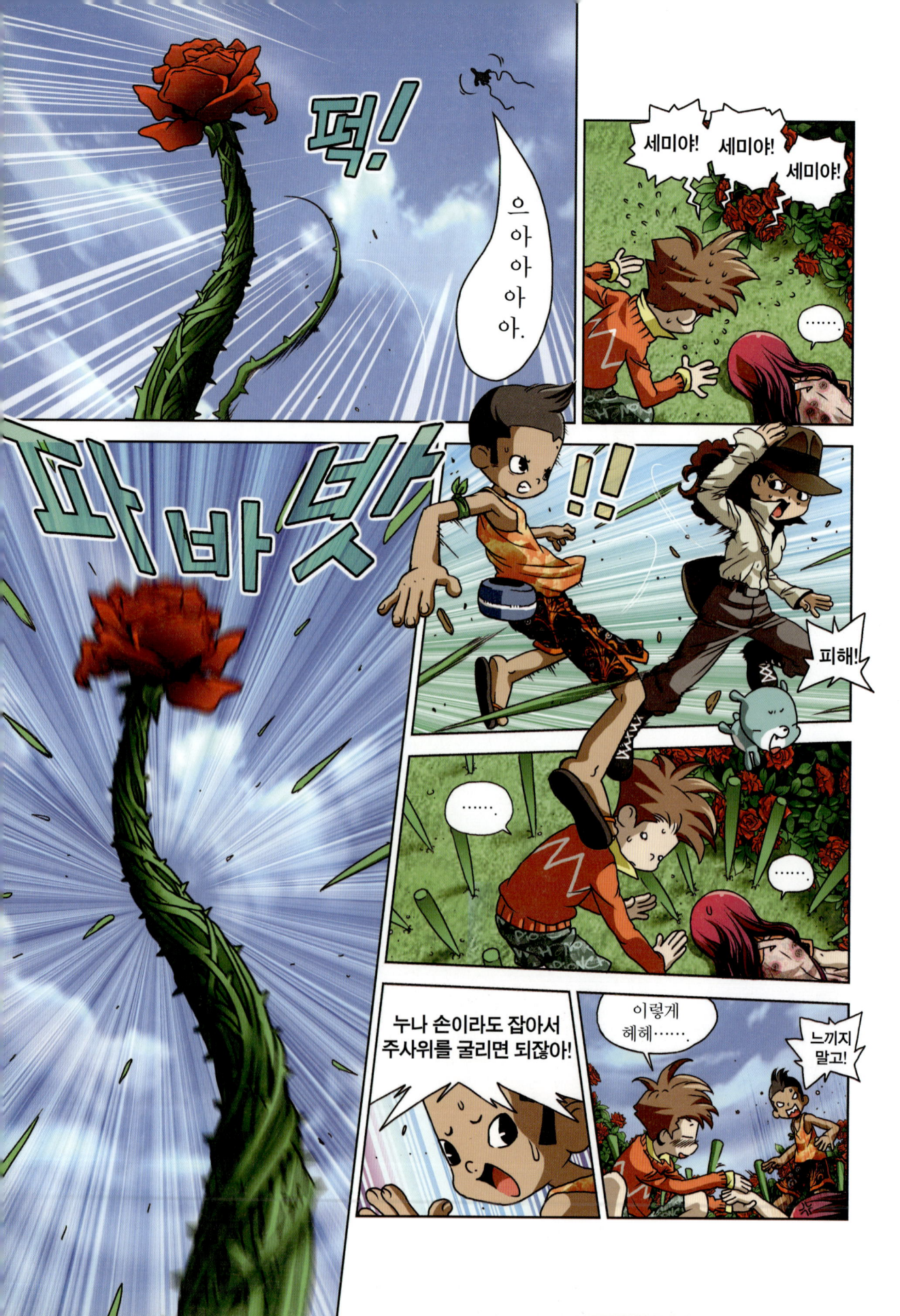

4, 3. 7이다!

장미는 1송이에 x원!
은 9송이 장미를 팔아서 번 돈으로...

뭐야? 이게 문제야?

뭘 풀지?

한 권에 y원 하는
수학책 2권을 사고
1000원으로 아이스크림을
사 먹었다.

힘찬이는 4송이
장미를 팔아 수학책
1권을 샀다.

갑자기 아이스크림 먹고 싶다.

뭐해, 행만 형?

피해!

으아!

힘찬 형은 장미 4송이를 팔았으니 $4x$원이고 1권의 수학책을 샀으니 $-y$원.

따라서 $4x-y$원!

헉!

문자가 필요한 이유

지구상에는 약 5,000개 이상의 언어가 있다고 해. 그 언어에는 우리말을 포함해 세계에서 가장 많은 국가가 사용하고 있는 에스파냐 어와 세계에서 가장 많은 인구가 사용하고 있는 중국어, 세계에서 가장 영향력이 있는 언어인 영어 등이 포함되어 있지.

그러나 사람들은 언어를 사용하여 어떤 상황을 이해하기도 하지만 국제적으로 통용되고 있는 여러 가지 기호를 보고 이해하는 경우도 많아.

오늘날 우리는 도로 표지판 기호, 화장실 기호, 비상구 표시 기호 등 헤아릴 수 없이 많은 기호를 사용하고 있지. 이모티콘은 휴대 전화를 사용하면서 가장 많이 사용되는 기호일 거야. 이처럼 기호는 특별한 어려움 없이 간단하고 분명하게 그 뜻을 전달할 수 있다는 장점이 있어.

수학도 마찬가지야. 주어진 식이나 문장을 문자나 기호를 사용하여 간단하게 나타낼 수 있으며, 문자나 기호를 사용하여 나타낸 식은 계산이 빠르고 편리하단다.

건방진 호랑이가 자꾸 세미의 엄마한테 뭔가를 뜯어내고 있는 다음 상황을 살펴볼까?

자, 그러면 세미의 엄마가 호랑이에게 준 떡의 수는 몇 개인지 다음 표의 빈칸을 채워 보자.

세미의 엄마가 넘은 고개의 수 (고개)	1	2	3	4	5	...
호랑이에게 준 떡의 수(개)	2×1	2×2		2×4		...

이 표에서 세미의 엄마가 호랑이에게 준 떡의 수는 다음과 같이 구할 수 있어.

2×(세미의 엄마가 넘은 고개의 수) 개

여기서 세미의 엄마가 넘은 고개의 수 대신 문자 x를 사용하면, 호랑이에게 준 떡의 수를 아래와 같이 나타낼 수 있어.

$(2 \times x)$ 개

즉, 이 식은 세미의 엄마가 넘은 고개의 수에 따라 변하는 호랑이에게 준 떡의 수를 일반적으로 나타낸 것이야. 이와 같이 문자를 사용하면 수량과 수량 사이의 관계를 간단히 식으로 나타낼 수 있어.

정리해 보면, 문자를 사용하여 식을 나타내면 다음과 같은 편리한 점이 있다는 걸 알 수 있어.

> 1. 식을 일반화할 수 있다. 즉, 수를 써서 나타낸 식은 그 수일 때만 나타내지만 문자를 사용한 식은 모든 경우를 나타낼 수 있다.
>   예 한 시간에 80km의 속력으로 달리는 자동차가 x시간 동안 달린 거리 : $80x$ (km)
> 2. 식을 간단히 나타낼 수 있다.
>   예 남학생이 a명이고 여학생이 20명인 학급의 전체 학생 수는 얼마인가? 이를 식으로 하면 간단히 '$a+20$'으로 나타낼 수 있다.

문자를 활용하여 식을 쓰는 방법

axbxCxdx3x8xa

아니 이게 뭐야? 너무 복잡하잖아.

곱셈 기호를 생략하고 같은 문자는 거듭제곱으로 표현하면 되잖아.

요렇게!
$24a^2bcd$

1. 문자와 수의 곱에서 곱셈 기호 ×를 생략할 수 있어. 이때 수는 문자 앞에 쓰면 돼.

   예 $a \times 3 = 3a,\ 2 \times b = 2b,\ a \times (-4) = -4a$

2. 1과 문자와의 곱셈에서는 1을 생략하고 써. 그런데 $0.1 \times a$는 $0.a$로 쓰지 않아.

   이것은 $0.1a$로 써.

   예 $1 \times a = a,\ (-1) \times a = -a$

3. 문자와 문자의 곱에서는 곱셈 기호 ×를 생략하고 알파벳 순서로 쓰는 거야.

   예 $c \times a \times x = acx,\ b \times 4 \times y = 4by$

4. 같은 문자의 곱은 지수를 사용하여 거듭제곱의 꼴로 나타낼 수 있어.

   예 $a \times a \times a \times a = a^4$

   $b \times b \times a \times c \times b \times a = a^2 b^3 c$

5. 문자가 섞여 있는 나눗셈에서는 나눗셈 기호 ÷는 쓰지 않고, 분수의 꼴로 나타내.

   예 $a \div b = \dfrac{a}{b}$ $a \div 3 \times b = \dfrac{ab}{3}$ $a \div 1 = \dfrac{a}{1} = a$ $a \div (-1) = \dfrac{a}{-1} = -a$

   특히, $\dfrac{1}{6}a$는 $\dfrac{a}{6}$, $\dfrac{3}{4}a$는 $\dfrac{3a}{4}$, $-\dfrac{2}{5}a$는 $-\dfrac{2a}{5}$와 같이 쓰기도 해.

계산의 순서와 식 세우기

문자를 포함한 계산은 수의 계산과 마찬가지로 곱셈과 나눗셈을 먼저 계산하고 덧셈과 뺄셈을 나중에 계산한다. 또, 문자를 사용하여 식을 세울 때는 다음과 같은 차례로 한다.
① 문제의 뜻을 정확히 파악하고 그에 맞는 규칙을 찾아낸다.
② 위에서 찾은 규칙에 문자를 사용하여 식을 세운다.

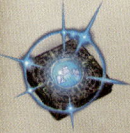

다음을 문자를 사용하여 식으로 나타내어라.

(1) 승용차를 k대씩 실은 차량 운반차 5대에 실려 있는 승용차의 총 대수

(2) 200원짜리 연필 x자루와 100원짜리 지우개 한 개의 값

(3) 7장의 값이 a원인 우표 한 장의 값

1대당 k대씩~

화물차 1대당 k대씩이고, 화물차는 모두 5대니까 $5 \times k$

5k대!

다음으로 200원짜리 연필이 x자루, 100원짜리 지우개는 1개

x자루 1개

연필값은 $200 \times x$원, 지우개 1개의 값은 100원이므로, $200 \times x + 100$

$200x + 100$원!

정답 (1) $5k$ (2) $200x+100$ (3) $a \div 7$

1 다음을 문자를 사용하여 식으로 나타내어라.

(1) 한 시간에 70 km를 가는 자동차가 x시간 동안 간 거리

(2) 물통에 들어 있는 물 800 mL를 100 mL들이의 컵에 가득 담아 y번 퍼내었을 때 물통에 남아 있는 물의 양

(3) 한 개의 무게가 150 g인 사과 x개와 200 g인 배 y개의 무게의 합

투 투 투 독!!

행만아!

?!

응?

게임판 이다!

으아아!

행만아! 황금열쇠!

꿀꺽!

……

헤헤헤.

꼴깍

교수님,
도와주세요!
쯧, 내가 없으면
안 된다니까.
뭐야?
왕!
팍
?!
행만아,
빨리 여쭤 봐!
지이이익
응?
뭐야? 기절해
계시잖아.
일어나셔야
묻든지 말든지.
교수님!
흔들
흔들
그냥
물어 봐!
촤아아아

알았어요! 하나의 항으로만 이뤄진 식은 단항식이고 9x-2y-1000에서 -1000처럼 수로만 된 항은 상수항.

9x처럼 수와 문자의 곱으로 이뤄진 항에서 수 9는 문자 x의 계수! 정리하면…….

$$\overset{\text{항}\quad\text{항}\quad\text{항}}{9x-2y-1000} \rightarrow \text{다항식}$$

계수   상수항

$$9x \rightarrow \text{단항식}$$

휴, 어쨌든 이번 문제에서는 9x-2y-1000, 4x-y라는 두 개의 다항식이 나오는데, 이 두 식을 합하면 (9x-2y-1000)+(4x-y)고.

앗! 교수님!

언제 일어나 셨어요?

어디선가 낭랑한 '수학 소리'가 들리더군.

일차식이군.

일차식 이라고요?

예를 들어 9x는 x를 한 번 곱한 것이고, 9x²은 x를 두 번 곱한 것이지. 이렇게 어떤 문자에 곱해진 개수가 이 문자에 대한 차수!

지금 그런 것 물을 때가 아니잖아.

질문도 남다르군데…

차수가 1이면 일차식, 차수가 2면 이차식!

여보, 해왕아, 방가!

……

……

팟

뭐야, 너?

이제 어쩔 거야?

그, 글쎄요.

차수 하니까. 문자와 차수가 같은 항들을 동류항이라고 한다는 것 정도가 떠오르네요.

촤아아악

이제 힘들어서 더 못 버텨! 빨리 풀어!

엄마! 뭐, 생각나는 것 없어요?

문자와 수라 하면……

아! 수학의 역사를 보면 처음으로 문자를 사용해 식을 표현한 사람이 프랑스 수학자 프랑수아 비에트란다.

비에트는 1591년 그의 책『해석학 입문』에서

알파벳을 써서 식을 표현했지. 물론 비에트 전에도 문자 기호를 사용한 적은 있지만 문자 기호를 대수의 주요 부분으로 취급한 건 비에트가 처음이었단다.

너희들은 29번째 손님이다. 앞서 수만지를 벗어난 팀은...

벗어나지 못한 팀보다 2팀 더 많다.

어떤 관계가 있는가?

근데 저거 혹시 가시 땜에 금 간 건가?

그럴 리가.

오, 이번엔 벌칙 같은 거 없나 봐.

하하하, 이 엉아가 쉬고 싶다는 소원을 들은 거지.

역시 우리는 뭐가 달라도 달라.

호들갑 그만 떨어라.

이번엔 조용히 앉아서 문제만 풀면 되겠네. 야호.

호들갑

호들갑

툭

우웅

벌칙을 팝밥팍히미 예쁜 것들이 나타날 것이다

뭐야, 호들갑 떨지 말랬잖아.

헤헤, 미안! 하지만 예쁜 것이라면 좋은 거 아닐까?

그러게 호들갑들 떨지 말랬지!

하지만 예쁜 것들이 나온다고 했으니 이번엔 나와도 상관없을 것 같은데……

뭐 벌칙이 생기기 전에 풀면 그만이고.

벌써?!

"너희들은 수만지의 29번째 손님이다. 너희들보다 앞서 수만지를 벗어난 팀은 벗어나지 못한 팀보다 2팀이 더 많다. 어떤 관계가 있는가?"가 문제잖아.

딱 보는 순간 알았지!

너도?

진짜?

말하지 마라!

천재랑 다녔더니 생각이 콸콸 솟더라고.

캬캬캬. 이 행만 님과 다니면 누구나 그렇게 되지.

근데 너 왜 꼬박 꼬박 반말이냐. 내가 한참 형, 아니 아버지뻘인데.

그……, 그렇게 되지……요.

휴우.

하하하. 하지만 뭐 어때?

답이나 말하자고.

하하, 그래……요. 정답은!

답 말하지 말라니까!

흥!
말할 거다!
벗어난 팀은
15팀!
벗어나지
못한 팀은
13팀!
합이
28팀!
어떠셔!
에구구.
휴.
거봐, 거봐.
아무 일 없지?
어떠셔?
우리 실력이!
맞힌 거야?
맞히긴
뭘 맞혀요.
응?
왕왕
문제가 "어떤 관계가
있는가" 잖아요!
팀 수가
아니고!
아!
뭐가
'아' 예요?
!!

파앗

지난번 그 사막으로 다시 돌아온 건가……

휴, 살았다.

그 킹콩 같은 놈 때문에 큰일 날 뻔했네.

응?

부스럭 부스럭

아삭. 아삭.

두리번

두리번

후다닥

하.

꿀꺽!

주르륵

저건 뭐지?

유후.

여봉♥ 역시 당신과 처음 만났을 때의 향기가 나더라니.

어떻게 돌아온 거예요?

후후. 사랑해요 다알링!

음......

이 향기는 분명 운동회 결승 때 풍겨왔던 땀과 열정의 향긴데…….

주변엔 아무것도 안 보이고 이상하네.

툭

툭

식 2x+1은 2x와 1의 합으로 이루어져 있다는 건 금세 알 수 있지? 이때 2x와 1과 같이 수나 문자의 곱으로 이루어진 부분을 각각 2x+1의 **항**이라고 불러. 2a나 $3y^2$도 모두 항이라고 할 수 있지.

2x+1과 같이 하나 이상의 항의 합으로 이루어진 식을 **다항식**이라고 해. 예를 들어 $2x^2+3x+4$는 세 개의 항 $2x^2$, 3x, 4의 합으로 이루어진 다항식이지. 이때 4와 같이 수만으로 이루어진 항을 **상수항**이라 하고, 3x와 같이 수와 문자의 곱으로 이루어진 항에서 문자에 곱해진 수 3을 x의 **계수**라고 한단다.

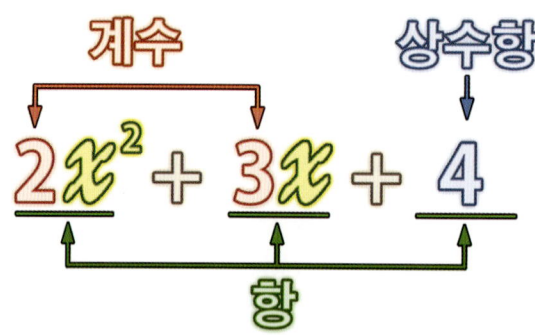

한편 다항식 중에서 하나의 항으로만 이루어진 식을 **단항식**이라고 하는데, 이를테면 x^2, 3a, -2x는 모두 단항식이야.

다항식 2a+b-3에서 항은 뭘까?

2a, b, -3이고, 상수항은 -3이지.

또 a의 계수는 2이고

b의 계수는 1이란 말씀!

계속해서 더 알아볼까? 어떤 항에 포함되어 있는 문자의 곱해진 개수를 그 문자에 대한 항의 <mark>차수</mark> 라고 해. 다항식에서 차수가 가장 큰 항의 차수를 그 다항식의 차수라고 하며, 특히 차수가 1 인 다항식을 <mark>일차식</mark>이라고 해.

다항식 $4x$, $-2x+3$, $\frac{x}{5}-1$은 x에 대한 일차식이 라고 하는 거지.

차수가 2인 다항식은 <mark>이차식</mark>이 되겠지? 예를 들어, $x+6$은 x에 대한 일차식이지만, x^2+3x+4 는 x에 대한 이차식이야.

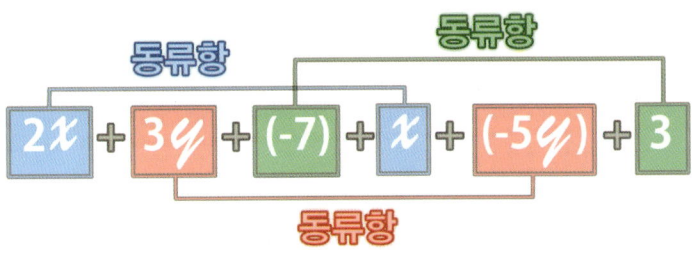

$3x$, $2x$와 같이 문자와 차수가 서로 같은 항들을 그 문자에 대한 <mark>동류항</mark> 이라고 해. 예를 들어, $2x+3y-7+x-5y+3$에서 동류항은 왼쪽과 같이 분류될 수 있어.

단항식의 계산

가로의 길이가 a, 세로의 길이가 5인 직사각형 4개의 넓이는 $5a \times 4$이고, 이 식은 다음과 같이 간단히 나타낼 수 있어.

$$5a \times 4 = (5 \times a) \times 4 = 5 \times a \times 4$$
$$= 5 \times 4 \times a$$
$$= 20a$$

이와 같이 단항식과 수를 곱할 때에는 수끼리 곱하여 문자 앞에 쓰면 돼. 또 단항식을 수로 나눌 때에는 다음과 같이 나눗셈을 곱셈으로 바꾸어 계산해.

$$20a \div 4 = 20a \times \frac{1}{4}$$
$$= 20 \times \frac{1}{4} \times a$$
$$= 5a$$

일차식과 수의 곱셈은 다음과 같이 분배 법칙을 이용하여 그 수를 일차식의 각 항에 곱하여 계산해.

$$7\,(2x+3) = 7 \times 2x + 7 \times 3$$
$$= 14x + 21$$

분배 법칙

$a(b+c) = ab+ac$
$(a+b)c = ac+bc$

또 일차식을 수로 나눌 때에는 다음과 같이 나눗셈을 곱셈으로 바꾸어 계산해야 해.

$$(3x-12) \div 3 = (3x-12) \times \frac{1}{3}$$
$$= 3x \times \frac{1}{3} + (-12) \times \frac{1}{3}$$
$$= x - 4$$

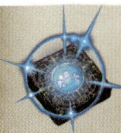

다음 식을 간단히 하여라.

(1) $-2a+3a$ (2) $3x-2-5x+4$

뭐시라꼬? $-2a+3a$를 간단히 하라는 건 뭘 말하는 거야?

아(a)!

참 쉬운데 말이야.

$-2a+3a$
$= (-2+3)a$
$= (1)a$
$= a$

(1) $-2a+3a=(-2+3)a=a$

(2) $3x-2-5x+4=3x-5x-2+4$
$\qquad\qquad\qquad = (3-5)x+(-2+4)$
$\qquad\qquad\qquad = -2x+2$

정답 (1) a (2) $-2x+2$

1 다음 식을 간단히 하여라.

(1) $\dfrac{1}{2}x-\dfrac{3}{4}x$

(2) $6y-5-8y$

(3) $7a-3+2a-4$

(4) $-2b+75b-6$

아함.
배부르니 졸리다.

나도…….

쿨쿨.

여봉!

내 무릎에서
좀 쉬어요.

그러게요.
잠이 솔솔 오…….

쿨쿨.

아빠,
머리를 많이 써서
그런지 너무 졸려요.

그럼
한숨 자고
할까?

$2 = 46$

$5x$

네에,
쿨…….

헉.

헉.

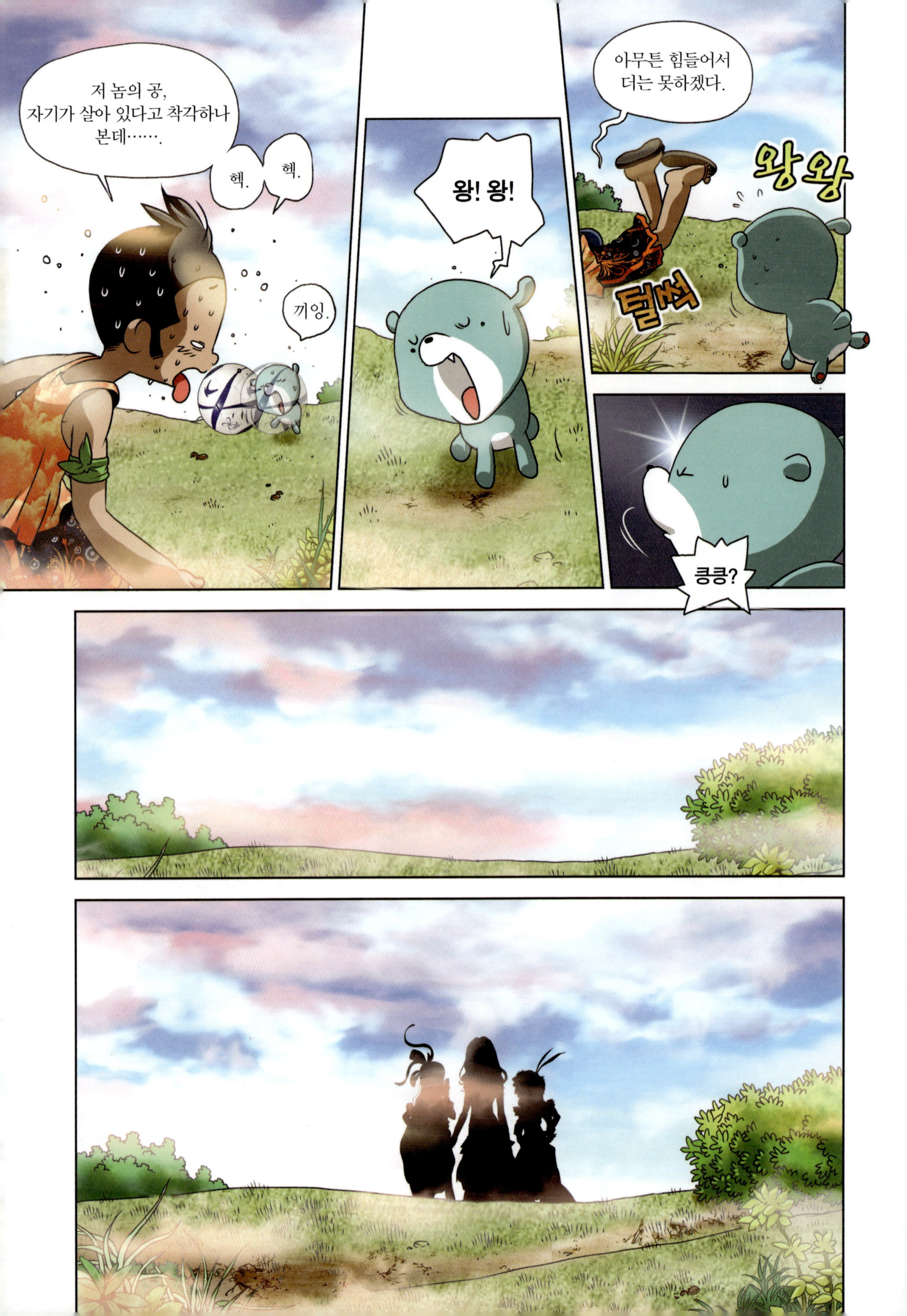

냠냠,

우걱 우걱.

살금

살금

냠냠.

사사삭

쩝쩝.

삐이익!

꾸웅?

쿵!

그래 그래!
그걸 밟아!

파

앗

우린 사람이
아니란다.
꼬마야!

아!

부
우
웅

누구로 할 거야?

글쎄.

여신이었어.
그것도 엄청
예쁜!

크르르르

난 어른이
좋아.

난 여자.

그럼 저 꼬마
포함한 남자 셋은
내 거다.

찾았다!

적당한 조건을
만족시키는
미지수의 값을
구하는 방정식!

$$6x - 2 = 46$$
$$2x - 3 = 5x$$

'방정식'
이라는 이름은
기원전 250년경에
나온 중국의 수학책,
이 '구장산술'에서
유래된 거야!

응? 근데 왜 책 제목이 한글로 써 있지?

응?

왕!

에이. 그건 나중에 밝히고,

방전, 속미, 쇠분, 소광, 상공, 균수, 영부족, 방정, 구고. 총 9개의 장에 246문제가 실려 있으니

이 책은 '구장산술' 이 확실해!

방정식 문제는 제8장인 방정(方程)에 있는데…….

아, 여기 있다!

$$3 \quad 2 \quad 1 \qquad 39$$
$$2 \quad 3 \quad 1 \qquad 34$$
$$1 \quad 2 \quad 3 \qquad 36$$

이런 식으로 사각형 모양으로 돼 있다 해서 방정이라 했다 이거지.

근데 고대 중국도 아라비아 숫자를 썼나?

왕

흠?

뭐, 그것도 나중에 밝히지 뭐. 이제 방정식에 관한, 기원전 1700년경의 이집트 사람들의 파피루스와
기원전 3000년경의 바빌로니아인들이 남긴 점토판만 찾으면 된다! 얼른 나가자.
왕!
아까부터 뭐지?
베어?
왕왕왕왕
뭐?
우우웅
응?

벌떡

응?

일어났니?

엄마! 누나!
무사했구나.

휴우.

어떻게 된 거죠?
아! 베어.

이야, 너도
무사했구나!

베어!

컴온

베이비

오, 예.

누나!
베어 왜 이래?

나라도 그럴걸.

휴우~

형들은?

저기.
잘 자고 있어.

쪽
쪽

맞다!
예쁜 것들은?

그만 물어!
알면 다친다.

엄마 차례죠?
저 바보 콤비
일어나기 전에
하나라도 더 풀죠.

풋

예...

이 샘, 귀엽다.

저울은?

응? 저기 있어.

뽕 뽕뽕

5ℓ

3ℓ

츠츠츠

저 옆에 달린 건 뭐지?

글쎄……

슈우웅

4Kg

쾅

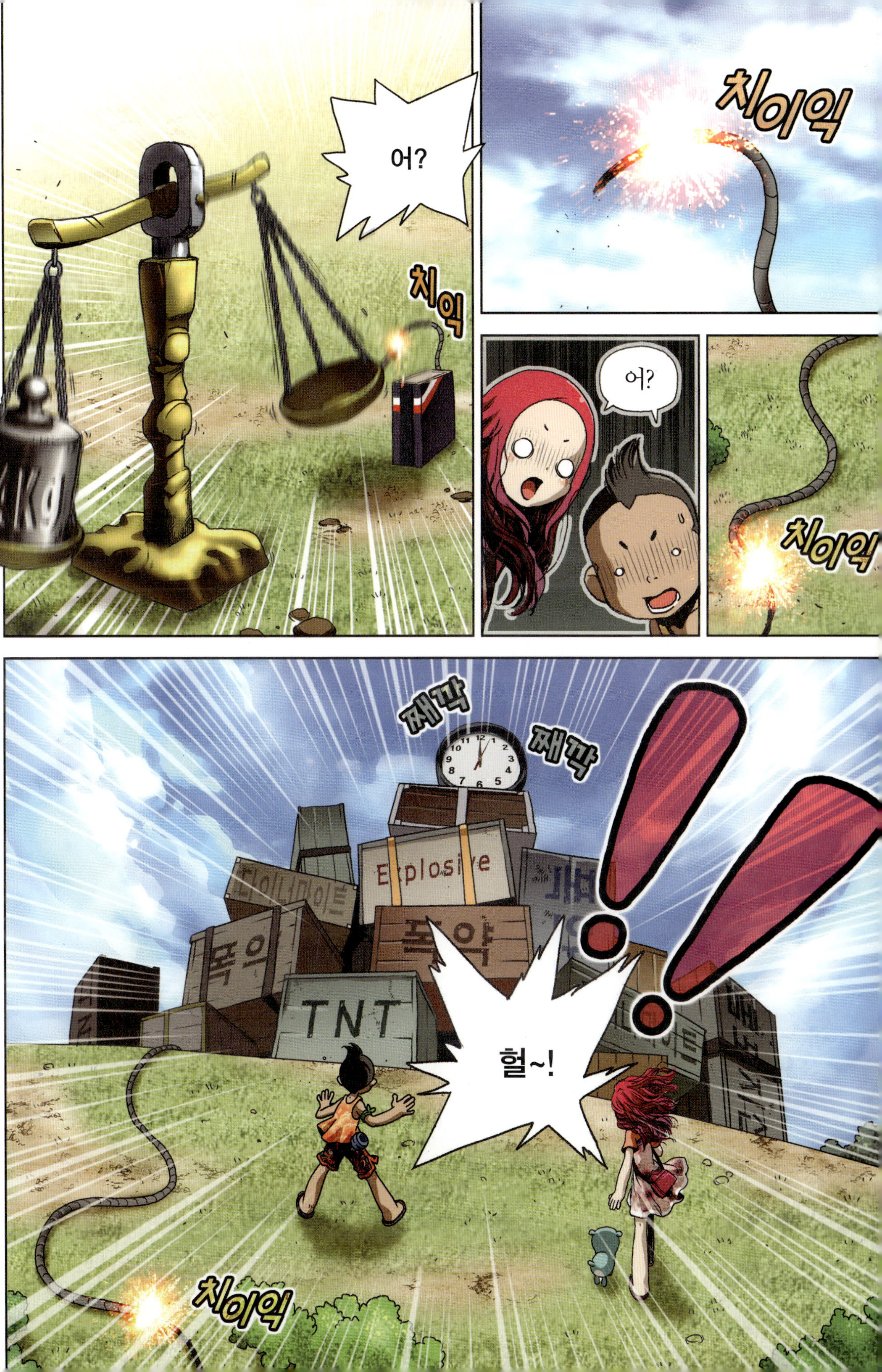
4Kg
어?
치익
치이익
어?
치이익
째깍
째깍
Explosive
다이너마이트
폭약
폭약
TNT
헐~!
치이익

방정식과 관련된 용어

$6x-2=46$과 같이 등호(=)를 사용하여 두 수 또는 식이 같음을 나타낸 식을 등식이라고 해. 등식에서 등호의 왼쪽 부분을 좌변이라 하고, 등호의 오른쪽 부분을 우변이라 하지. 좌변과 우변을 통틀어 양변이라고 불러.

등식 $2x-3=5x$와 같이 x의 값에 따라 참이 되기도 하고, 거짓이 되기도 하는 등식을 x에 관한 방정식이라고 해. 이때 문자 x를 그 방정식의 미지수라고 부르지. 미지수는 아직 알지 못하는 수이지만 장차 알게 되는 수라는 의미야.

이른들이 아이들을 x세대라고 부르는 것도, 그들의 행동을 이해하지 못하고 알 수 없다라는 의미에서야. 최근 네트워크(통신)로 대화하는 세대라고 해서 n세대라는 말도 생겨났어.

방정식 $2x-3=5x$에서 $x=-1$과 같이 방정식을 참이 되게 하는 미지수 x의 값을 그 방정식의 해 또는 근이라고 해. 그리고 방정식의 해를 구하는 것을 '방정식을 푼다'라고 표현하지.

$$2x-3=5x$$

방정식이라는 말은 중국의 고대 수학책인 『구장산술』에서 유래된 거야. 가장 오래된 방정식은 기원전 1700년경 고대 이집트의 수학책인 『린드 파피루스』에 실려 있는 문제인데 말이야. 그 문제는 아래와 같아.

> 어떤 수에 그 수의 $\frac{1}{7}$을 더하면 19가 된다. 어떤 수는 얼마인가?

그런데, 등식 $3x=2x+x$는 x에 어떠한 값을 대입해도 항상 참이 돼. 이와 같이 x가 어떤 값을 갖더라도 항상 참이 되는 등식을 x에 관한 항등식이라고 해. 사실 '항등식'이라는 말은 항상 성립하는 등식이라는 의미이야.

예를 들면 다음과 같은 식은 항등식이야.

$$a+b=b+a, \quad ab=ba, \quad (a+b)+c=a+(b+c), \quad a(b+c)=ab+ac$$

구장산술

유럽에는 유클리드의 『원론』이라는 뛰어난 수학책이 있어서 학문 발전의 밑거름이 되었어. 그렇다면 동양에도 이와 같은 책이 있었을까? 그 대답은 '그렇다'야. 이름하여 『구장산술』. 이 책은 동양 최고의 수학책으로 중국뿐만 아니라 우리나라에서도 신성한 책으로 인정받았어. 특히 우리나라의 조선 시대 수학자인 남병길은 조선의 사정에 맞게 해설을 붙여 『구장술해(九章術解)』라는 수학책을 펴냈지.

『구장산술』은 진한 시대의 수학책을 기본으로 하여 후한 시대에 되어서야 비로소 나타난 수학책이야. 이 책을 쓴 사람은 알려져 있지 않지만, 유휘가 주석을 붙여 펴낸 것이 알려져 있어. 유휘는 유비, 관우, 장비가 활약하던 삼국 시대의 인물로 원주율을 구한 사람으로 알려졌지. 사실 원주율 π(파이)는 5세기경에 조충지라는 사람이 3.141592까지 구했는데 이 값은 유럽보다 무려 천년 이상 앞섰대.

난 간단히 설명을 붙여 『구장산술』을 펴낸 유휘일세.

구장산술은 최고의 수학책이야. 원주율도 구해본 적이 있는데, 조충지란 사람도 그 값을 구한 적이 있다는군.

난 천재야~

『구장산술』은 주로 당시의 관리들에게 필요했던 수학 지식을 모아놓은 책이야. 이 책은 책 이름대로 모두 아홉 개의 장으로 구성돼 있으며, 모두 246개의 문제가 실려 있어. 그러나 각각의 문제에 대한 답은 있지만 증명은 찾아볼 수 없고, 형식은 문제, 답, 풀이의 순서로 되어 있어.

제1장에서는 논밭을 측정하는 문제들로 구성되어 있어. 여기에는 삼각형, 사다리꼴 그리고 원형, 반원형, 부채꼴 심지어 도넛형의 문제까지 있다고 해. 재미있는 건 초등학생들이 원주율을 3.14로 쓰듯이 원주율을 3으로 사용했다는 거지.

제2장과 제3장은 곡물을 교환할 때의 계산법과 급료나 세금의 계산법을 다루고 있는데 비례 문제가 나온대. 제4장에서는 넓이 또는 부피를 구하는 문제를 다루고, 제5장은 주로 토목공사의 공정 문제를 다룬대. 제6장은 백성에 대한 부역(노동)을 어떻게 공평하게 부과할 것인가를 다루고 있어. 제7장은 남거나 부족한 것을 가정할 때 맞는 수를 구하는 계산 방법에 관한 것을 실었어. 양수와 음수가 섞여 있고 방정식의 해를 구하는 문제가 수록된 제8장은 '방정'이라는 제목을 갖고 있는데, 여기서는 x와 같은 미지수라는 표현은 따로 사용하지 않았대. 오늘날 우리가 등식에서 미지수를 구하는 '방정식'이라는 말의 기원이 되는 장이야. 마지막 장인 제9장은 직각삼각형의 높이, 길이, 넓이와 거리 등의 문제를 다루고있는데, 피타고라스의 정리와 유사한 점이 있어.

난 이름 그대로 9개의 장으로 구성되어 있고 모두 246개의 문제가 실려 있어.

근데, 왜 종이가 아니냐고? 종이는 훗날 채륜이라는 사람이 발명해서 등장해.

$x=-1$일 때 $3\times(-1)-2=-5\neq1$

$x=0$일 때 $3\times0-2=-2\neq1$

$x=1$일 때 $3\times1-2=1=1$

따라서 방정식 $3x-2=1$은 $x=1$일 때 참이 되므로 이 방정식의 해는 $x=1$이다.

정답 $x=1$

1 x가 집합 $\{-1, 0, 1, 2\}$의 원소일 때, 다음 방정식의 해를 구하여라.

  (1) $4x+1=9$ (2) $-x+3=x+5$

2 다음 등식 중에서 x에 대한 항등식을 모두 찾아라.

  ① $3x+2=8$ ② $4-x=5x$

  ③ $1-(-x)=4+x-3$ ④ $1-(-x)=4+x-3$

5장 등식의 성질을 알면 문제 풀이가 쉬워

치이익

EXPLOSIVE

치이이익

째깍

째깍

11 12 1
10 2
9 3

BOOOOM

9......, 9분 남았어.

뭐? 9분?

스윽

아~ 스윽

쩌걱
쩌걱
치이익
풍풍풍
.....

어?
아빠
어딨지?
왕왕
팟
아빠!
여보!

응!

얘들아,
이 벽 뒤에서
아빠
냄새가 나!

진짜요?

시간이 없어,
빨리 질문해!

엄마와 아빠의
사랑의 힘을
믿어 보자고.

왜냐하면, 등식 문제에서는 저울이 자주 등장하거든.

아?

등식은 $a=b$일 때, $a+c=b+c$와 $a-c=b-c$를 만족시키는 성질이 있어.

어?

즉 등식의 양변에 같은 수를 더하거나 빼도 등호가 성립한다는 거지.

아빠, 그런 설명까지 들을 시간이 없어요.

4ℓ로 만드는 방법을 빨리 알려 달라고요.

1분 남았다고요!

45초.

또한 $a=b$일 때, $a \times c = b \times c$처럼 등식의 양변에 같은 수를 곱해도 등호가 성립하고,

나눌 때는 조심해야 하는데, $a=b$일 때 $\dfrac{a}{c}=\dfrac{b}{c}$처럼 양변을 $c \neq 0$인 같은 수로 나눠도 등호는 성립하지.

아빠!

급하다 니까요!

......

으아악!

뭐야, 아빠
어떻게
하라고!

진정해 봐.

아빠 말 듣다가
생각이 났는데,

우선 5ℓ짜리 물통에 물을 채운 뒤,
3ℓ짜리 통에 물을 붓는 거야.

그럼 5ℓ짜리 통에
물이 2ℓ가 남겠지?

근데, 세미야 시간이……

응!

응?

으아악!
3, 30!

째각

째각

30초 남았어!

와아아아!

뭐해?

땅속에라도 숨어야 하잖아요!

아휴, 30초 만에 팔 수 있겠니?

오, 천재는 저런 것도 가능하구나.

파밧

파바밧

여자로.

쿵쿵!

헉!

뭐야,
이 몰골은!

내가 왜
여자야?

여자
니까.

뇌 없는 나보다
더 멍청한 사람도
있네.

잠깐!

누,
누나?

내가 그렇게 예쁜가?
난 남자
허수아빈데……

부끄
부끄

8

방정식 풀이의 중요 기능, 이항

수나 문자를 사용하여 나타낸 식 중에서

$$2 \times (3+4) = 2 \times 3 + 2 \times 4, \quad 3x+2=11$$

과 같이 등호를 사용한 식을 등식이라고 한댔지? 한 번 더 복습해 보면, 이때 등식에서 등호의 왼쪽 부분을 좌변, 오른쪽 부분을 우변이라 하고, 좌변과 우변을 통틀어 양변이라고 했어.

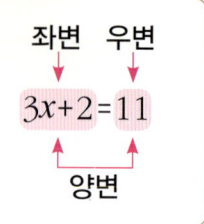

$$x+4=8 \qquad \cdots\cdots ①$$

이 식을 풀기 위하여 식 ①의 양변에서 4를 빼면

$$x+4-4=8-4$$

$$x=8-4 \qquad \cdots\cdots ②$$

이때 두 등식 ①과 ②를 비교하면 ①의 좌변에 있던 4가 우변으로 옮겨지면서 −4가 된다는 걸 알 수 있지. 이와 같이 등식의 성질을 이용하여 등식의 한 변에 있는 항을 부호를 바꾸어 다른 변으로 옮기는 것을 이항이라고 해. 우리가 어떤 방정식을 풀 때 가장 많이 활용되는 기능이라고 보면 돼.

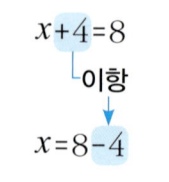

1. 등식의 양변에 같은 수를 더해도 등식은 성립해.

   예 $a=b$이면 $a+c=b+c$

   　　($x=3$ 이면 $x+2=3+2$ 즉 $x+2=5$)

2. 등식의 양변에 같은 수를 빼도 등식은 성립해.

   예 $a=b$이면 $a-c=b-c$

   　　($x=3$ 이면 $x-2=3-2$ 즉 $x-2=1$)

3. 등식의 양변에 같은 수를 곱해도 등식은 성립하지.

   예 $a=b$이면 $a \times c=b \times c$

   　　($x=3$ 이면 $x \times 2=3 \times 2$ 즉 $2x=6$)

4. 등식의 양변을 0이 아닌 같은 수로 나누어도 등식은 성립한다.

   예 $a=b$이면 $\dfrac{a}{c}=\dfrac{b}{c}$ $(c \neq 0)$ ($x=3$ 이면 $x \div 2=3 \div 2$ 즉 $\dfrac{x}{2}=\dfrac{3}{2}$)

5. 등식의 양변을 바꾸어도 등식은 성립해.

   예 $a=b$이면 $b=a$ ($x=3$이면 $3=x$)

등식의 성질!

등식의 양변에 같은 수를 더하거나 빼도 등식은 성립해요.

1. $a=b$이면 $a+c=b+c$

2. $a=b$이면 $a-c=b-c$

등식의 양변에 같은 수를 곱하거나 0 아닌 같은 수로 나누어도 등식은 성립하죠.

3. $a=b$이면 $a \times c=b \times c$

4. $a=b$이면 $\dfrac{a}{c}=\dfrac{b}{c}$ $(c \neq 0)$

등식의 양변을 바꾸어도 등식은 성립해요.

5. $a=b$이면 $b=a$

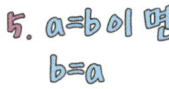

$2x-3=4$의 해를 구해 봐!

등식의 성질을 이용해서

$x=$(수)의 꼴로 고쳐서 해를 구하면 되요.

그래서 다···답이 뭔데?

바보! 등식의 양변에 3을 더하면 $2x-3+3=4+3$ 계산하면, $2x=7$ 양변을 2로 나누어 주면 $\dfrac{2x}{2}=\dfrac{7}{2}$

$x=\dfrac{7}{2}$

아름다운 시(詩)로 수학 문제를 만든 바스카라 2세

인도는 중세 후기에 많은 수학자를 배출했는데, 그중 바스카라(Bhaskara Ⅱ, 1114~1185년) 는 인도 수학을 활짝 꽃피운 인물로 알려져 있어. 인도의 대표적 수학자이자 천문학자지만 저 서만 전해질 뿐 생애에 대한 이야기는 알려진 것이 거의 없지.

바스카라는 시대를 앞서 갔던 인물로 보여. 그 당시에 이미 어떻게 하면 딱딱한 수학을 대중 적인 학문으로 만들까를 고민했거든. 그는 사람들이 수학에 조금이라도 흥미를 갖고 친근하 게 접근하길 바랐어. 마침내 그가 내놓은 비법은 바로 '아름다운 시(詩)로 수학 문제 만들기' 였지.

바스카라의 책을 읽는 사람은 남녀노소에 관계없이 모두 책에 푹 빠졌대. 누가 보아도 문학적 이고 친근한 그의 시를 사랑하지 않을 수가 없었던 거야. 다음은 바스카라의 저서 『리라바티』 에 나오는 한 편의 시야.

벌 무리의
5분의 1은 목련꽃으로
3분의 1은 나팔꽃으로
그들의 차의 3배의 벌들은 협죽도 꽃으로 날아갔네.
남겨진 1마리의 벌은
케타키의 향기와
자스민 향기에 갈팡질팡하다가
두 사람의 연인에게
말을 시킬 것 같은 남자의 고독처럼
허공을 헤매고 있도다.

벌의 무리는 모두 몇 마리일까?
벌의 전체 수를 x라고 하고, 위의 시를 식으로 나타내면
$x = \dfrac{x}{5} + \dfrac{x}{3} + 3\left(\dfrac{x}{3} - \dfrac{x}{5}\right) + 1$이야.
따라서 식을 풀면 $x=15$이므로 벌은 모두 15마리지.

등식의 성질을 이용하여 다음 방정식을 풀어라.

(1) $2x-4=2$ (2) $\dfrac{5}{2}x=2x+3$

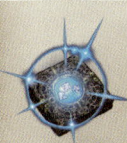
$2x-4=2$에서 x는?

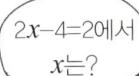
양변에 4를 더하면,
$2x-4+4=2+4$
$2x=6$
양변을 2로 나누면,
$\dfrac{2x}{2}=\dfrac{7}{2}$
$x=3$

나···나한테 묻지마!

너한테 안 물어!
$\dfrac{5}{2}x=2x+3$에서
x는?

양변에 2를 곱하면,
$\dfrac{5}{2}x\times2=(2x+3)\times2$
$\dfrac{5}{2}x\times2=2x\times2+3\times2$
$5x=4x+6$
양변에 $4x$를 빼면,
$5x-4x=4x+6-4x$
$x=6$

정답 (1) $x=3$ (2) $x=6$

1 등식의 성질을 이용하여 다음 방정식을 풀어라.

(1) $3x-5=-2$ (2) $\dfrac{3}{5}x+1=x-1$

휴우.
어디서 많이 본
모양새인데…….

어쨌든
이 집 덕분에
살았다.

고마우이~

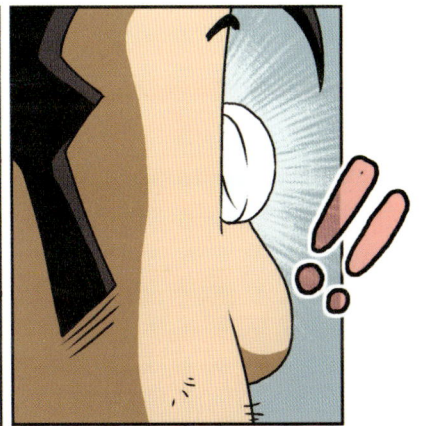

!!

10개의 사과를 둘이 먹고
6개가 남았다.

둘은 서로 다른 개수의
사과를 먹었다.

각각 몇 개를 먹었을까?

앗! 나 이거 알아.

진짜?

뭔데?

하지만
난 뇌가 없어서 말을
할 수가 없어.

부끄
부끄

장난해?
지금 말하고
있잖아.

아,
뇌만 있었다면…….
뇌를 갖고 싶다!

뻘끔

표현이 너무
무성의하잖아!

이젠 어쩌지? 난 봐도 모르겠는데…….
풋! 뇌 없는 나도 아는데.
아니, 뇌가 없어 말할 수가 없다며!
그니까. 누가 말할 수 없다고 했지, 모른다고 했냐?
장난해?
그냥 지금처럼 아는 거 그대로 말해 주면 안 돼?
글쎄, 뇌가 없어서…….
발그레
푸드득
아!
아아아, 도와줘!
문제 풀어주면.
푸드드득
장난해? 허수아비가 어디에 쓰는 건지 몰라?
악! 깡패 허수아비다!!
가! 가!

뭐야, 아무 변화 없잖아.

어쨌든 뇌 없는 네 덕분에 잘 풀었다.

......

이 자식! 누나 보고 뇌가 없다니!

아고고.

글고 내가 친구냐? 너라니...

누나! 정신은 돌아왔구나!

풋! 너 그 꼴은 뭐냐?

누나도 만만치 않아.

......

근데 누나, 뇌 있는 거지?

당연하지! 또 맞을래?

아까 여기가 오즈의 세계라고 했다고 했지? 문제를 풀었는데 모습은 그대로고. 그렇다면......

오렌지 로드를 따라가자!

분명히 다들 만날 거야!

게임판 챙기고……

베어가 무슨 상상을 했길래 우리가 오즈의 세계로 오게 된 거지?

어? 그거 베어 아냐?

글쎄.

……

이상하게 기분 나쁜 숲이네.

누나 이 길 따라가면 어디가 나와?

책과 같다면 에메랄드 시가 나올걸?

기기기기

응? 무슨 소리 못 들었어?

글쎄.

후우웅

미……,
미인!

끼긱

그긕

힘찬이?

놀랬잖아.

헥 헥

그건 누구?
난 양철 나무꾼이야.

도끼를 놓쳤는데,
몸이 녹슬어서
움직일 수가 없어.

미안하지만
기름 좀 쳐 줄래?

이렇게?

고마워.
하마터면 이곳에서
녹슨 채로
죽을 뻔했네.

누나!
게임판에서
빛이 나!

척척

누나가 주사위를 놓쳤는데, 문제가 나타난 걸 보면, 누나 차례였었나 봐.

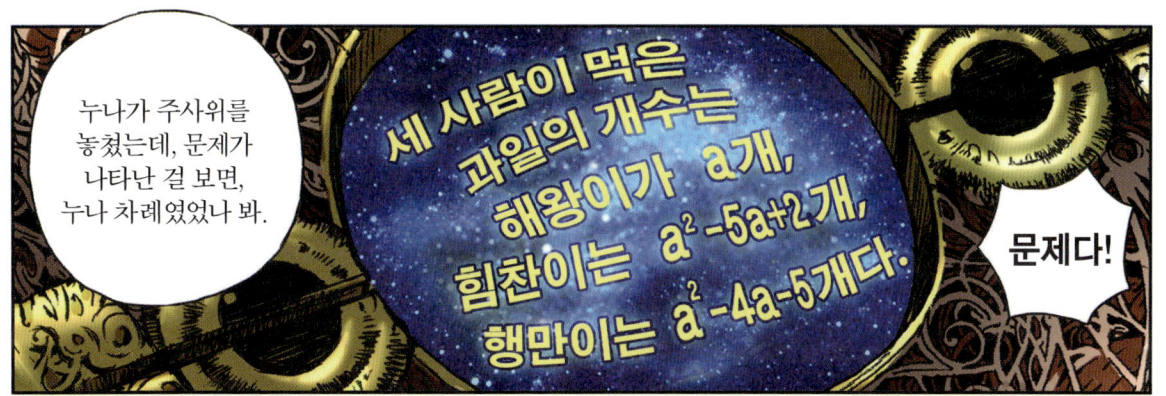

세 사람이 먹은 과일의 개수는 해왕이가 a개, 힘찬이는 a^2-5a+2개, 행만이는 a^2-4a-5개다.

문제다!

힘찬이와 행만이가 먹은 과일은 모두 몇 개인가?

왕!

ㅋ어어어

뭐야? 얜 또 왜 이래?

괜히 기름칠 해 줬네…

…….

일차 방정식

미지수의 차수가 1차인 방정식을 일차 방정식이라고 해.
방정식의 모든 항을 좌변으로 이항하여 동류항을 정리하였을 때,
(x에 관한 일차식)$=0$ 의 꼴로 되는 방정식을 말하지.

일차 방정식 : $ax+b=0$ (단, a, b는 상수, $a \neq 0$)

$ax+b=0$ (단, a,b는 상수 $a \neq 0$)

일차 방정식에 $a \neq 0$ 라는 꼬릿말은 왜 붙어 있는 걸까?

나 알아! 길게 쓰면 폼 나잖아.

쯧쯧. 그게 아니지! $a=0$이면 문제가 매우 쉬워지잖아.

서, 설마 진짜 몰라? $a=0$이면 일차항이 없어져서 일차 방정식이 될 수 없어.

자고로 문제는 어려워야 맛

$4x=x+12$에서 미지수 x가 있는 항을 좌변으로 이항하면?

$4x-x=12$
$3x=12$
12를 좌변으로 이항하면……

$3x-12=0$
와! 이 식도 일차 방정식이네.

일차 방정식의 풀이 방법

일차 방정식은 보통 미지수 x를 포함한 항은 좌변으로, 상수항은 우변으로 이항하여 풀어. 이때 괄호가 있으면 먼저 분배 법칙을 이용하여 괄호를 풀고, 방정식의 해를 구하지.

❶ 계수에 소수나 분수가 있으면 양변에 적당한 수를 곱하여 계수를 정수로 고친다.
❷ 괄호가 있으면 괄호를 푼다.
❸ 미지수 x를 포함한 항은 좌변으로, 상수항은 우변으로 이항한다.
❹ 양변을 간단히 하여 $ax=b(a \neq 0)$의 꼴로 고친다.
❺ x의 계수로 양변을 나눈다.

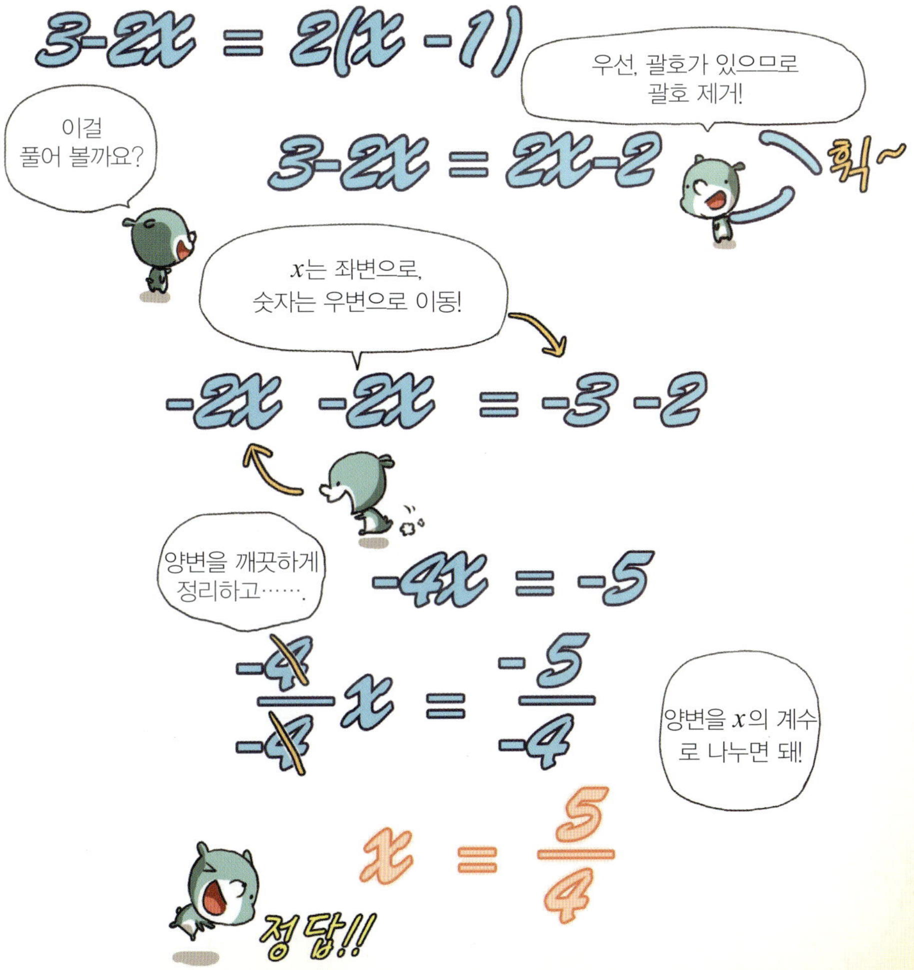

$$3 - 2x = 2(x - 1)$$

우선, 괄호가 있으므로 괄호 제거!

이걸 풀어 볼까요?

$$3 - 2x = 2x - 2$$

획~

x는 좌변으로, 숫자는 우변으로 이동!

$$-2x - 2x = -3 - 2$$

양변을 깨끗하게 정리하고…….

$$-4x = -5$$

$$\frac{-4}{-4}x = \frac{-5}{-4}$$

양변을 x의 계수로 나누면 돼!

$$x = \frac{5}{4}$$

정답!!

힘찬이의 몸무게는 다음과 같은 순서로 방정식을 세워서 풀면 구할 수 있어.

먼저 힘찬이의 몸무게를 $x$kg으로 정해.

힘찬이의 몸무게의 2배에서 6kg을 빼면 100kg이므로 $2x-6=100$으로 방정식을 세울 수 있어.

이 방정식을 풀면 $x=53$을 얻을 수 있지.

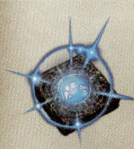 다음 일차 방정식을 풀어라.

(1) $3x+8=x-4$　　　　　　　　　(2) $3(x+4)=5(x-2)$

$3x+8=x-4$는 우선 x를 포함한 항은 좌변으로, 상수항은 우변으로 이항시켜야 해.
$3x-x=-4-8$
이를 계산하면 $2x=-12$가 되고, x의 계수인 2로 양변을 똑같이 나누면, $x=-6$

$3(x+4)=5(x-2)$는 먼저 괄호부터 제거해야 해.
$3x+12=5x-10$
여기서 x를 포함한 항은 좌변으로, 상수항은 우변으로 이항시켜 정리하면
$-2x=-22$
이를 x의 계수인 -2로 양변을 똑같이 나누면, $x=11$

(1) 주어진 식에서 x를 포함한 항은 좌변으로, 상수항은 우변으로 이항하면

　$3x-x=-4-8$

　양변을 간단히 하면 $2x=-12$

　x의 계수, 즉 2로 양변을 나누면

　$x=-6$

(2) 주어진 식에서 좌변과 우변의 괄호를 각각 풀면 $3x+12=5x-10$

　x를 포함한 항은 좌변으로, 상수항은 우변으로 이항하면

　$3x-5x=-10-12$

　양변을 간단히 하면 $-2x=-22$

　x의 계수, 즉 -2로 양변을 나누면

　$x=11$

정답 (1) $x=-6$ (2) $x=11$

1 다음 일차 방정식을 풀어라.

(1) $2x+1=4x-7$　　　　　　　(2) $x+10=-2x+1$

(3) $3(x+1)=4x-2$　　　　　　(4) $5x+3(12-x)=50$

이 나무에
오르자고?

그럼,
다른 방법이
있어?

우에에에!!!

위에
올라가자!

우웩.

헉헉. 여기라고 안전한
건 아니잖아.

헉헉.

이 정도 굵기면
금방 자르진 못할 거야.
그 사이에 문제를 풀자.

부웅

파
파
파

파팟

악!

악!

쿵

누날 못 믿어?

해왕이 a개, 힘찬이 a^2-5a+2개, 행만이 a^2-4a-5개의 과일을 먹었을 때, 힘찬과 행만이 먹은 과일의 수는 모두 몇 개인지 묻는 문제였잖아!

욱! 문제 푸는 것보다 그 문제를 기억하는 게 더 어려운 것 같아.

하악!

왜 그래?

알았으면 황금카드!

쿵

쿵

저……, 저기.

……

우에에

콰

콰

콰

쿵

어쩌지?

내려갈 수도 없고, 문제의 답은 모르겠고.

콰

깨개갱!

쿵

쿵

……

물끄럼

……

디옹

디옹

디옹

디옹

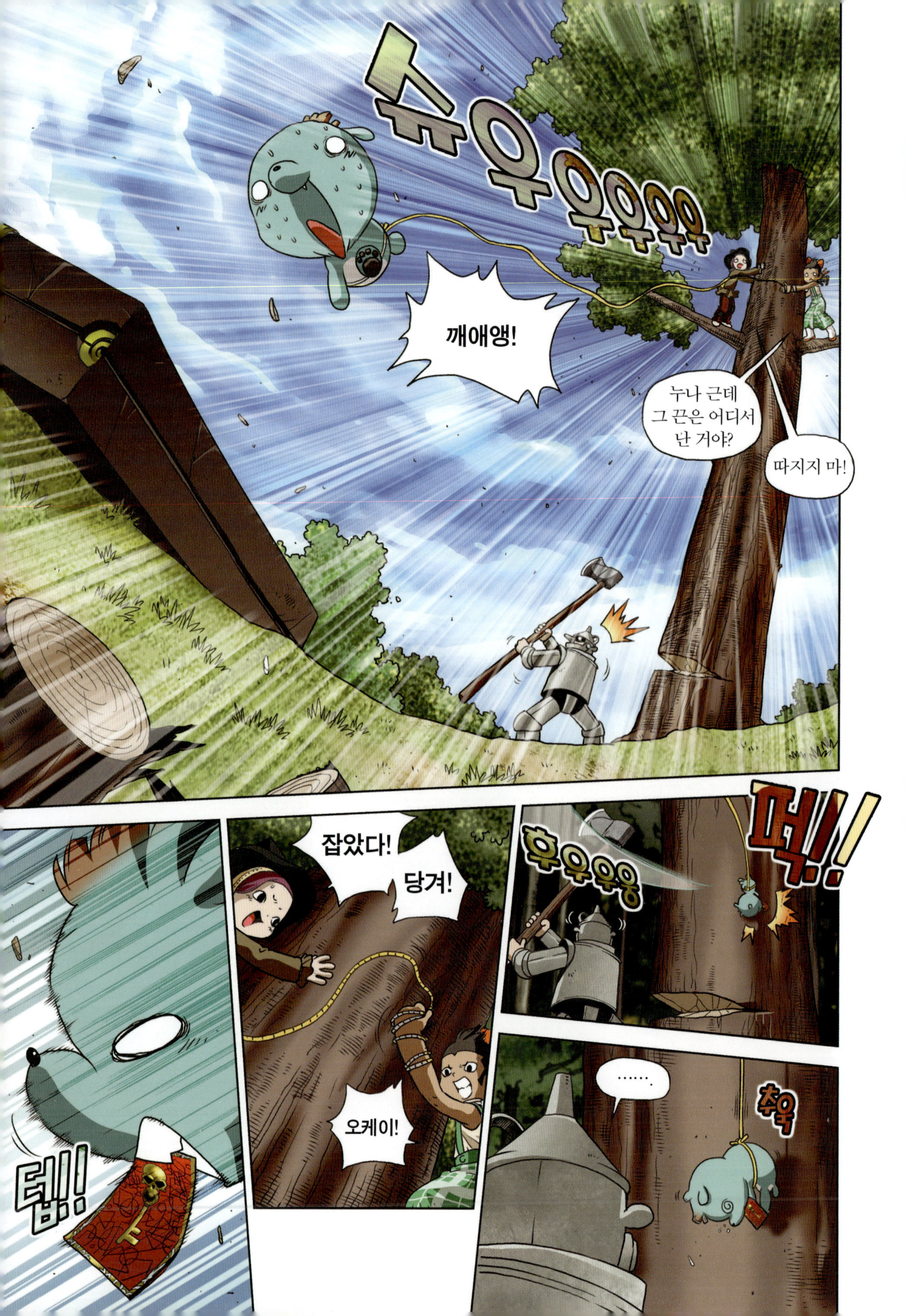
슈우우우우
깨애앵!
누나 근데 그 끈은 어디서 난 거야?
따지지 마!
텁!!
잡았다!
당겨!
오케이!
후우우웅
퍽!!
....
추욱

어?

세미야, 해왕아! 거기서 뭐해?

와! 정신이 돌아왔구나.

저건 네 연가?

이 도끼는 뭐지?

빼지 마! 빼지······.

뽕!

오아아아아아

언제까지 이 노란 길을 따라가야 하는 걸까?

......

서둘러!

아까부터 누가 계속 따라오는데?

우리도 알아.

무시무시하지 않냐?

이번엔 사자가 나올 차례잖아. 흐흐.

그치, 오즈에서 나오는 사자면 뻔하지.

그냥 따라오라 그래.

허헉.

왔다 갔다 정신이 없네.

스윽

크르르

뭐야, 다른 때는 다시 돌아오면 괴물은 사라졌었잖아!

으아악! 살려줘.

두리번

반갑다, 베어!

구해줘서
고마워.

베어라뇨! 전 겁쟁이
사자랍니다.

아까부터 저 칼리바를
피해 숨어 있었는데…….
여러분들 때문에
들킬 뻔했다고요.

어?
칼리바
간다!

잠깐! 저 사자가
베어라면,
요 녀석은?

왕왕왕!

'내려줘!
그래, 난 천재
행만 님이시다'

라고
하네요.

와! 짱이다!
개의 말을 알아
듣는구나!

조용히 좀 해요!
이러다 칼리바에게
들키겠어요!

스윽

크아아

으아아!

왕왕왕왕!!

'빨리 도망가자! 서둘러!'

라고 하네요.

갠 무시해.

문제가 뭐였지?

조……종이를 반 접고, 반 접고, 접고 노 섭고……

횡설

수설

에잇! 직접 봐!

두 장의 종이 중 한 장을 반으로 접고 잘라서 두 장을 만든 뒤 다시 반씩 접고 잘라서 네 장을 만들었다. 같은 방법으로 7번을 반복했다.

다른 종이는 같은 방법으로 4번을 반복했다.
7번 접어 생긴 종이의 수를 4번 접어 생긴 종이의 수로 나눈다면, 종이는 모두 몇 장이 되나? 문제가 너무 복잡한데…….

음…….

왕왕왕왕 왕왕

'뭘 고민해 종이 좀 줘 봐! 직접 접어 보면 되잖아!'

라고 하네요.

오! 역시, 천재다.

……

왕왕
왕왕
왕

'개가 무슨 손이 있어! 뭘 어쩌라고 날 줘?'

라고 하네요.

내가 할게, 내가!

한 번…
두 번…

세 번…

네 번…

다섯 번…

여섯……, 이……일……고옵. 으악! 더 이상 접히질 않아!

이! 이! 이!

오아아아!

바들

바들

문자와 식의 세계는 다음 책에 계속됩니다.

다항식의 덧셈

두 다항식을 더할 때는 동류항을 모아서 간단히 하면 돼.
이때 동류항을 세로로 맞추어서 계산하면 더욱 편리하지.

$$(3x+4y)+(4x-y)=3x+4y+4x-y$$
$$=3x+4x+4y-y$$
$$=(3+4)x+(4-1)y$$
$$=7x+3y$$

요렇게 자리 맞춰
풀면 쉬워요.

다항식의 뺄셈

한 다항식에서 다른 다항식을 뺄 때에는 빼는 다항식의 각 항의 부호를 바꾸어 덧셈으로 계산
하면 좋아. 이때도 덧셈과 마찬가지로 동류항을 세로로 맞추어서 계산하면 편리하단다.

$$2(5x-7y)-(3x-4y)=2(5x-7y)+(-3x+4y)$$
$$=10x-14y-3x+4y$$
$$=(10-3)x+(-14+4)y$$
$$=7x-10y$$

따라서!

오, 좀 하는데!

이차식

다항식 중에서 가장 높은 항의 차수가 2인 것을 이차식이라고 해. 예를 들면 $2x^2$, $3x^2-4x$, $-4x^2+1$, x^2-3x+5 등은 모두 x에 관해 이차식이라 할 수 있지. 하지만 $x^2-3x+2-x^2+2$를 동류항끼리 모으면, $x^2-x^2-3x+(2+2)=-3x+4$ 이므로 일차식이야.

이차식에서도 동류항은 문자와 차수가 같은 항이야.

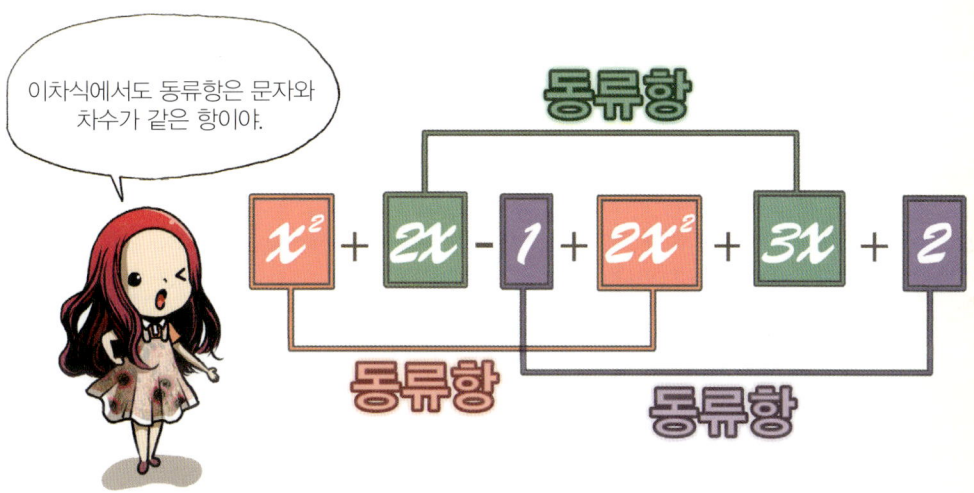

이차식의 덧셈과 뺄셈

이차식의 덧셈과 뺄셈은 차수와 문자가 각각 같은 동류항을 모아서 간단히 정리하면 돼.

$$(2a^2-2a+4)+(3a^2+5a-1)=2a^2-2a+4+3a^2+5a-1$$
$$=2a^2+3a^2-2a+5a+4-1$$
$$=(2+3)a^2+(-2+5)a+(4-1)$$
$$=5a^2+3a+3$$

요건 내가 풀어야지.

$$\begin{array}{r} 2a^2-2a+4 \\ +\ 3a^2+5a-1 \\ \hline 5a^2+3a+3 \end{array}$$

다항식의 정리

사실 이미 자연스럽게 공부한 내용이긴 하지만, 다항식의 곱셈이나 나눗셈을 이용하여 괄호로 묶여 있던 다항식의 괄호를 없애고 모든 항을 덧셈 기호(+)만으로 연결된 다항식으로 바꾸는 것을 전개라고 해. 괄호를 열어 펼쳐 놓는다는 뜻이야. 이렇게 만든 다항식을 전개식 이라고 부르지.

그런데 식을 전개하면 다양한 문자가 마구 섞여 나타나므로 동류항이 있다면 더해서 나타내고 각 항의 차수에 따라 순서대로 정리하는 것이 보기에도 깔끔해.

전개식을 정리하는 방법에는 한 문자에 대해 차수가 낮은 항부터 높은 항의 순서로 나열하는 오름차순과 한 문자에 대해 차수가 높은 항부터 낮은 항의 순서로 나열하는 내림차순의 두 가지가 있어. 예를 들면, $1+a+a^2$은 오름차순에 의한 정리이고, a^2+a+1은 내림차순으로 정리한 거야.

이걸 내림차순으로 정리하라 이거지?

$$2x^2+2+3x(x-1)$$

분배 법칙으로 괄호를 푼 후,

$$2x^2+2+3x^2-3x$$

동류항끼리 모으고 …….

$$= 2x^2+3x^2-3x+2$$

내림차순으로 정리하면!

$$5x^2-3x+2$$

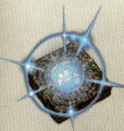

다음을 계산하여라.
(1) $(3x^2+x-2)+(2x^2-5x+6)$
(2) $(3x^2+x-2)-(2x^2-5x+6)$

(1) $(3x^2+x-2)+(2x^2-5x+6)$

$=3x^2+x-2+2x^2-5x+6$

$=3x^2+2x^2+x-5x-2+6$

$=5x^2-4x+4$

(2) $(3x^2+x-2)-(2x^2-5x+6)$

$=3x^2+x-2-2x^2+5x-6$

$=3x^2-2x^2+x+5x-2-6$

$=x^2+6x-8$

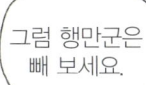
$$\begin{array}{r} 3x^2+\ x-2 \\ +)\,2x^2-5x+6 \\ \hline 5x^2-4x+4 \end{array}$$

그럼 행만군은
빼 보세요.

요것도 세로로 쓰면
$$\begin{array}{r} 3x^2+\ x-2 \\ -)\,2x^2-5x+6 \\ \hline x^2+6x-8 \end{array}$$

정답 (1) $5x^2-4x+4$ (2) x^2+6x-8

1 다음을 계산하여라.

(1) $(x^2+8x-4)+(3x^2-x+2)$

(2) $(5x^2+3x-1)-(2x^2+5x+4)$

2 다음을 계산하여라.

(1) $2(3x^2+x-6)-5(x^2-x-2)$

(2) $x^2-\{4x-3(x^2-x+15)+6\}$

정답 및 해설

1.

해설 유리의 내부 반사면이 태양광선을 다섯 번만을 반사킨다고 했을 경우, 13가지가 있다.

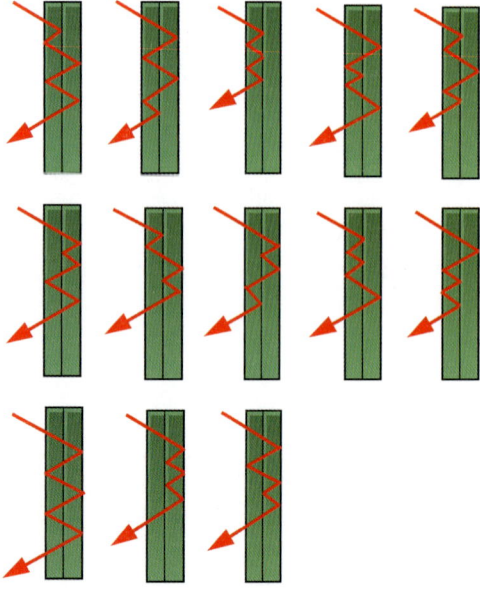

정답 13가지

1.

해설 (1) 1시간 동안 70km를 이동하는 자동차의 이동 거리는 x시간에 속력을 곱한 것이므로, $(70 \times x)$km이다.

(2) 800mL의 물을 100mL들이 컵에 가득 담아 y번 퍼내는 경우 남는 물의 양은 전체양에서 $(100mL \times y$번$)$을 뺀 값이므로, $800 - 100 \times y$이다.

(3) 150g인 사과 x개의 무게는 $(150 \times x)$g이고, 200g인 배 y개의 무게는 $(200 \times y)$ g이므로 이 둘의 합은, $150 \times x + 200 \times y$이다.

정답 (1) $70x$(km)

(2) $800 - 100y$(mL)

(3) $150x + 200y$(g)

1.

해설 (1) $\frac{1}{2}x - \frac{3}{4}x = \frac{2}{4}x - \frac{3}{4}x = (\frac{2}{4} - \frac{3}{4})x = -\frac{1}{4}x$

(2) $6y - 5 - 8y = 6y - 8y - 5$

$\qquad\qquad = (6-8)y - 5$

$\qquad\qquad = -2y - 5$

(3) $7a - 3 + 2a - 4 = 7a + 2a - 3 - 4 = 9a - 7$

(4) $-2b + 75b - 6 = (-2 + 75)b - 6 = 73b - 6$

정답 (1) $-\frac{1}{4}x$

(2) $-2y - 5$

(3) $9a - 7$

(4) $73b - 6$

1.

해설 (1) x에 -1, 0, 1, 2를 차례로 대입해 본다.

$x = -1$일 때, $-4 + 1 = -3 \neq 9$

$x = 0$일 때, $0 + 1 = 1 \neq 9$

$x = 1$일 때, $4 + 1 = 5 \neq 9$

$x = 2$일 때, $8 + 1 = 9$

따라서 방정식의 해는 2이다.

(2) x에 -1, 0, 1, 2를 차례로 대입해 본다.

$x = -1$일 때, $-(-1) + 3 = -1 + 5$이므로 등식이 성립한다.

$x = 0$일 때, $0 + 3 = 0 + 5$이므로 등식이 성립하지 않는다.

$x = 1$일 때, $-1 + 3 = 1 + 5$이므로 등식이 성립하지 않는다.

$x = 2$일 때, $-2 + 3 = 2 + 5$이므로 등식이 성립하지 않는다.

정답 (1) 2 (2) -1

2.

해설 ① $3x+2=8$을 정리하면 $3x=8-2$이므로 $3x=6$
이다. 이것은 $x=2$일 때만 성립하므로 방정
식이다.

② $4-x=5x$을 정리하면 $4=6x$이므로 $x=\dfrac{2}{3}$일
때만 성립하므로 방정식이다.

③ $1-(-x)=4+x-3$의 등호의 양쪽을 각각 정리
하면 $1+x=1+x$이므로 항등식이다.

④ $x-2=2(x-1)-x$의 등호의 양쪽을 각각 정
리하면 $x-2=2x-2-x(=x-2)$이므로 항등식
이다.

정답 ③, ④

1.

해설 (1) $3x-5=-2$의 양변에 5를 더하면

$3x-5+5=-2+5$

$3x=3$

$x=1$

(2) $\dfrac{3}{5}x+1=x-1$의 양변에 5를 곱하면,

$3x+5=5(x-1)=5x-5$

양변에 $5x$를 빼면,

$3x+5-5x=5x-5-5x$

$-2x+5=-5$

이 식의 양변에 5를 빼면,

$-2x+5-5=-5-5$

$-2x=-10$

$x=5$

정답 (1) $x=1$

(2) $x=5$

1.

해설 (1) 주어진 식에서 x를 포함한 항은 좌변으로,

상수항은 우변으로 이항하면 $2x-4x=-7-1$

양변을 간단히 하면 $-2x=-8$

x의 계수, 즉 -2로 양변을 나누면

$x=4$

(2) 주어진 식에서 x를 포함한 항은 좌변으로,

상수항은 우변으로 이항하면 $x+2x=1-10$

양변을 간단히 하면 $3x=-9$

x의 계수, 즉 3으로 양변을 나누면

$x=-3$

(3) 주어진 식에서 좌변의 괄호를 풀면 $3x+3=4x-2$

주어진 식에서 x를 포함한 항은 좌변으로,

상수항은 우변으로 이항하면 $3x-4x=-2-3$

양변을 간단히 하면 $-x=-5$

x의 계수, 즉 -1로 양변을 나누면

$x=5$

(4) 주어진 식에서 좌변의 괄호를 풀면

$5x+36-3x=50$

주어진 식에서 상수항을 우변으로 이항하면

$5x-3x=50-36$

양변을 간단히 하면 $2x=14$

x의 계수, 즉 2로 양변을 나누면

$x=7$

정답 (1) $x=4$ (2) $x=-3$ (3) $x=5$ (4) $x=7$

1.

해설 (1) $(x^2+8x-4)+(3x^2-x+2)$

$=x^2+8x-4+3x^2-x+2$

$=x^2+3x^2+8x-x-4+2$

$=4x^2+7x-2$

(2) $(5x^2+3x-1)-(2x^2+5x+4)$

$=5x^2+3x-1-2x^2-5x-4$

$=5x^2-2x^2+3x-5x-1-4$

$=3x^2-2x-5$

정답 (1) $4x^2+7x-2$, (2) $3x^2-2x-5$

2.

해설 (1) $2(3x^2+x-6)-5(x^2-x-2)$

$=(6x^2+2x-12)-(5x^2-5x-10)$

$=6x^2+2x-12-5x^2+5x+10$

$=6x^2-5x^2+2x+5x-12+10$

$=x^2+7x-2$

(2) $x^2-\{4x-3(x^2-x+15)+6\}$

$=x^2-\{4x-3x^2+3x-45+6\}$

$=x^2-\{-3x^2+4x+3x-45+6\}$

$=x^2+3x^2-7x+39$

$=4x^2-7x+39$

정답 (1) x^2+7x-2, (2) $4x^2-7x+39$

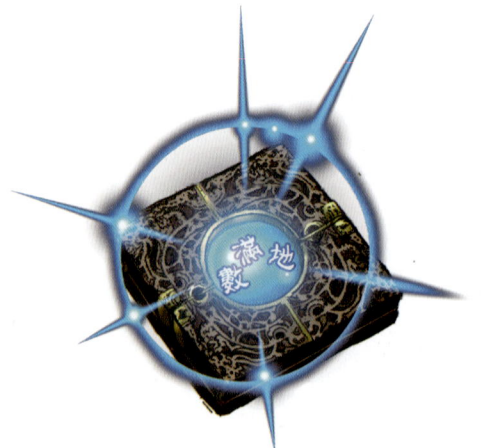